FOTOGRAF
w podróży

Wydawnictwo G+J RBA
Sp. z o.o. & Co. Spółka Komandytowa
Licencjobiorca National Geographic Society
ul. Marynarska 15, 02-674 Warszawa
Dział handlowy: tel. 22 360 38 42
Sprzedaż wysyłkowa: tel. 22 360 37 77

Konsultacja: Zbigniew Włodarski, Piotr Skoczeń, Małgorzata Lososová Ungrádová, Paweł Waszniewski, Karolina Trojanowska
Redakcja: Anna Maria Thor
Korekta: erte
Projekt graficzny, skład i łamanie: Maciej Szymanowicz
Redaktor prowadzący: Małgorzata Zemsta
Redaktor techniczny: Mariusz Teler

Druk: Białostockie Zakłady Graficzne SA

Zdjęcia na okładce: Jacek Bonecki
Zdjęcia wewnątrz: Jacek Bonecki; s. 6 – Karolina Wawrzyniak
Zdjęcia otwierające rozdziały: archiwum firmy Sony

ISBN 978-83-7596-426-4

www.national-geographic.pl
www.gjksiazki.pl

www.bonecki.com

jacek bonecki

FOTOGRAF
w podróży

Dziękuję słońcu za światło

Spis treści

SONY

Od autora

Był rok 1984, gdy jako młody człowiek żyjący w szarej atmosferze komunistycznego kraju dającego ludziom dość ograniczone możliwości zacząłem poszukiwania własnego sposobu na życie. Mieszkałem w małym mieście i wybór miałem niewielki – pić alkohol na ławce przed blokiem lub za namową rodziców zamknąć się w czterech ścianach naszego świnoujskiego mieszkania i oddać bez reszty przygotowaniom do egzaminów na studia prawnicze.

Tymczasem rozpierała mnie energia. Próbowałem spożytkować ją, uprawiając sport, ale to nadal nie dawało mi ani widoków na przyszłość, ani satysfakcji, która pozwoliłaby mi kiedyś poczuć się spełnionym człowiekiem.

Świnoujście w tych latach było smutne, banalne i nudne, ale raz w roku stawało się kolorowym jarmarkiem, otwartym na sztukę i środowisko artystyczne. Działo się tak podczas Festiwalu Artystycznego Młodzieży Akademickiej FAMA, który odbywał się latem. FAMA była okazją do spotkań studentów z całej Polski, prezentujących swoje największe artystyczne przedsięwzięcia. To właśnie tam po raz pierwszy prawdziwie zetknąłem się ze sztuką i poczułem tę niepowtarzalną, artystyczną atmosferę.

Wtedy jeszcze nie przywiązywałem zbyt dużej wagi do dokumentacyjnego wymiaru fotografii, ale czułem, że dzięki niej mógłbym zatrzymać czas i zarejestrować wszystko, by uczynić to nieśmiertelnym. Tak właśnie złapałem aparat i zacząłem fotografować drzewa, krzaki, kwiaty, kosze na plaży, siebie, swoich kolegów. Zacząłem podróżować z miasta do miasta,

podpatrywać i rejestrować. Szybko się okazało, że wszystkie te działania bardzo mi się podobają i zaczynają przynosić niesamowitą satysfakcję. Ku rozpaczy rodziców, wciąż mających nadzieję na prawniczą karierę swojego syna, coraz więcej osób zaczynało doceniać moje dokonania fotograficzne.

Po dwóch latach podpatrywania świata z aparatem postanowiłem, że właśnie z tą dziedziną sztuki zwiążę swoją przyszłość. Wówczas mój ojciec, widząc, że trudno będzie mnie odwieść od tego zamiaru, postanowił dać mi w prezencie pierwszy aparat marki Zenit. W miarę upływu czasu, podobnie jak u wielu początkujących fotografów, rosło moje zainteresowanie sprzętem. Nie podchodziłem jednak do tego jak do ładnego, eleganckiego gadżetu, ale raczej fascynowała mnie technologia działania i możliwości samego aparatu, nowych obiektywów, oświetlenia. Krótko mówiąc, rozpocząłem zgłębianie wiedzy na temat różnych aspektów związanych z techniką i sprzętem fotograficznym.

Okazało się, że dzięki tej wiedzy mogę wykonywać zdjęcia znacznie bardziej zróżnicowane niż dotychczas. Ugruntowało to moje postrzeganie sprzętu jako środka do uzyskiwania konkretnych, zamierzonych efektów fotograficznych. Jednocześnie pomogło zrobić milowy krok w fotograficznych poczynaniach. Zacząłem wysyłać zdjęcia na konkursy. Pojawiły się pierwsze nagrody i sukcesy, co pomogło mi podjąć decyzję o tym, jak dalej pokieruję swoją edukacją. Mimo że moi najbliżsi nie wierzyli, że kiedykolwiek będę mógł żyć i utrzymywać się z fotografowania, wbrew wszystkim, a może nawet wbrew zdrowemu rozsądkowi i niesprzyjającym okolicznościom postanowiłem, że zwiążę z fotografią i filmem swoją przyszłość. Stamtąd był już tylko jeden krok, by spróbować sił w szkole filmowej. Ukończenie liceum w klasie o profilu matematyczno-fizycznym rokowało dość słabo na egzaminach na taką uczelnię. Moja wiedza i możliwości w tej dziedzinie były wówczas ograniczone, ale determinacja i upór spowodowały, że zdałem egzaminy i dostałem się pod skrzydła największych autorytetów, najlepszych profesorów z dziedziny fotografii i filmu. Ludzie ci traktowali fotografię bardzo emocjonalnie, co nauczyło również mnie innego spojrzenia. Potrafili w moim młodym, chłonnym umyśle postawić wyraźną granicę między tym, co jest kwestią sprzętową, a tym, co naprawdę istotne w fotografii.

W szkole filmowej po raz pierwszy zetknąłem się z definicją mówiącą, że fotografia jest sztuką patrzenia i rejestrowania obrazu za pomocą narzędzia. Zrozumiałem, że należy wyraźnie oddzielić narzędzie od tego, jak postrzegamy, jak rozumiemy, interpretujemy fotografię. Dowiedziałem się, że najważniejsza jest nasza wrażliwość i emocje, bo to one dają umiejętność wyodrębniania z całego otaczającego nas świata najistotniejszych motywów wartych zarejestrowania na zdjęciu. Od tej pory zacząłem rozwijać się dwutorowo. Z jednej strony zgłębiałem wiedzę w zakresie techniki fotografowania, a z drugiej rozwijałem w sobie wrażliwość oraz umiejętność wnikliwego i bystrego podpatrywania tego, co spotykałem na swojej drodze. Miałem świadomość, że te dwa aspekty są ściśle i nierozerwalnie ze sobą związane i nie mogą funkcjonować oddzielnie. Zdolność biegłej obsługi aparatu, znajomość tajemnic, które tkwią w edycji ciemniowej, dawały nowe środki wyrazu, pozwalając jednocześnie rozwijać zdolność kreacji obrazu fotograficznego. Nauka w szkole filmowej, a później praca w charakterze operatora filmowego uświadomiły mi, że podobnie jak w filmie, tak i w fotografii najistotniejszym elementem jest właśnie język obrazu. Zrozumiałem, że dobre zdjęcie to takie, na którym widać, że autor zarejestrował istotny moment, ale też w sposób przytomny i świadomy wykorzystał wszystkie środki wyrazu artystycznego, by oddać ekspresję zdjęcia i wyrazić na nim to, co jest ważne.

Wtedy właśnie uświadomiłem sobie istotę formy w fotografii. Dzięki formie fotograf wyraża siebie, kreuje obraz, będąc świadkiem wydarzeń, a następnie materializuje ten obraz na papierze fotograficznym. Taką możliwość daje mu tylko panowanie nad techniką fotograficzną, znajomość jej złożonych i trudnych zasad. Właśnie w ten sposób stawiamy znak równości między tym, jak rejestruje obrazy nasz mózg, a tym, jak robi to aparat fotograficzny. Do tej pory nikt jeszcze nie skonstruował takiego aparatu, który byłby równie doskonały jak ludzkie oko i mózg. Tylko dobry fotograf potrafi zatrzeć różnicę w działaniu między mózgiem i okiem a aparatem fotograficznym. Ma także możliwość zaskoczyć mózg ludzki obrazami zupełnie nowej jakości, wykreowanymi w nowatorski sposób, za pomocą języka fotografii.

Czym jest język obrazu, jakie są środki ekspresji, którymi wypowiada się fotograf przy komponowaniu obrazu? Na te fundamentalne pytania chciałbym odpowiedzieć w tej książce, prezentując fotografie, obrazy, w których skumulowałem swoje doświadczenia zdobyte na przestrzeni blisko trzydziestu lat mojej działalności fotograficznej. Mam przy tym nadzieję, że odsłaniając odrobinę własnego warsztatu, będę mógł zainspirować tych, którzy chcieliby tak jak ja poświęcić się fotografii. Dziś mogę swobodnie przyznać, że fotografia pozwoliła mi osiągnąć coś, co udaje się niewielu ludziom: połączyć pasję z pracą i stworzyć własną filozofię egzystencji.

Wstęp

Moim zdaniem fotografia nie jest dziedziną pozwalającą na specjalizowanie się w wąskim wycinku. Fotografem albo się jest, albo nie. Czasem podczas rozmów z fotografami słyszę, że jeden specjalizuje się w pejzażach, drugi w portretach, a trzeci w kobiecych aktach. Taka rozmowa kończy się zwykle pytaniem: „A ty, czym się zajmujesz?". Odpowiadam wtedy: „Ja? Robię zdjęcia".

Jestem operatorem filmowym, przygotowanym zawodowo do tego, by patrzeć przez wizjer bez względu na to, czy należy on do kamery filmowej, czy aparatu fotograficznego. W szkole nauczono mnie przede wszystkim wrażliwości i umiejętności operowania językiem obrazu. Ten zawód wymaga z pewnością wiedzy, ale też uniwersalności, umiejętności odnalezienia się we wszystkich tematach. Gdy robimy film wojenny, nie zatrudniamy przecież operatora specjalizującego się jedynie w filmach wojennych. Oczywiście film wojenny to nie tylko strzelanie z armat i wybuchy, ale także sceny dramatyczne, sentymentalne czy komediowe. Operator jednego dnia kręci scenę ataku żołnierzy na froncie, drugiego miłosną, a trzeciego zabawne wydarzenia w taborach. Po prostu ma do wykonania zadanie, przy czym musi się trzymać scenariusza, postępować zgodnie z zamysłem reżysera, który mówi mu, czego oczekuje. Tymczasem w świecie fotograficznym często wygląda to inaczej. Oczywiście, mogę powiedzieć, że najbardziej lubię robić zdjęcia podczas burzy czy na rajdach samochodowych. Ale tak naprawdę fotografuję wszystko, ponieważ jestem rzemieślnikiem, który posiadł umiejętność rejestracji obrazu w określonych warunkach, z zastosowaniem dostępnego sprzętu. Jeżeli wykonuję portret, wykorzystuję całą swoją wiedzę, która byłaby tak samo przydatna podczas pracy nad innym rodzajem fotografii: kadrowanie, barwę i perspektywę. Jeżeli zajmuję się fotografią elementarną[1], cały czas pamiętam, że w tej dziedzinie umiejętność geometrycznego komponowania kadru jest najważniejsza, ale mogę wykorzystać ją także do portretu, wpisać geometrię twarzy w geometrię tła. Tak samo jest z aktem czy reportażem. Przecież gdy robię reportaż, mogę w naturalny sposób połączyć go z fotografią pejzażową. Nie zdaję się na przypadek, tylko patrzę na scenę, która się rozgrywa w jakimś krajobrazie, w sytuacji, którą zastałem. Taka jest moja filozofia fotografowania i do tego chciałbym Was zachęcić.

Kierunki fotografii przenikają się i właśnie uniwersalne pojmowanie tej dziedziny jest moją dewizą. Uważam, że trzeba fotografować zawsze i wszystko. Jeżeli ktoś powie, że najbardziej lubi robić zdjęcia portretowe, to dobrze. Też lubię portrety, ale fotografuję pejzaże, a gdy nadarza się okazja, ćwiczę się w fotografii sportowej, bo ona sprawia, że muszę błyskawicznie podejmować decyzje, szybko kadrować, umiejętnie przygotować się i odpowiednio ustawić do zdjęć migawkowych, przewidywać sytuacje, które za chwilę nastąpią.

---

1 Jerzy Olek tak pisze o fotografii elementarnej: „Taka też jest fotografia elementarna. Logiczna i racjonalna, czysta i perfekcyjna, ujmująca prostotą, ale i swą harmonią poetycką. Wymaga artystycznej konsekwencji i warsztatowej dyscypliny, odkrywczej pasji i inwencji – niezbędnych po to, by fotografując to, co potoczne, pokazać rzeczy «niewidzialne»" (J. Olek, *Karkonosze. Katalog, Galeria Sztuki Współczesnej*, Jelenia Góra 1984). Dla mnie to fotografia detalu, form geometrycznych i światła.

We wszystkich dziedzinach fotografii najważniejszym elementem jest umiejętność dostrzeżenia światła – czy to zastanego, czy to sztucznego – i właściwe ustawienie się z aparatem oraz zastosowanie takiego ujęcia, żeby to światło nadało zdjęciu taki charakter, jaki chcemy uzyskać. Przede wszystkim jednak należy posiąść umiejętność fotografowania każdego tematu, wszelkich detali czy dowolnego pejzażu, aby możliwie jak najsprawniej łączyć ze sobą różne dziedziny fotografii – tworzyć swoiste stylistyczne kolaże. Wielokrotnie spotkałem się z opinią, że każde moje zdjęcie opowiada jakąś historię lub wyróżnia się tym, że pokazuje wiele obliczy wybranego zagadnienia. Wynika to właśnie z mojej uniwersalności, a więc z tego, że nie fotografuję kobiecego aktu na białym tle, ale w połączeniu z pięknym pejzażem, burzą, na tle samochodu bądź motocykla. To potwierdza moją tezę, że aby być dobrym fotografem, nie można specjalizować się tylko w jednej dziedzinie, a temat nie jest najważniejszy w pracy fotografa. Najważniejsza jest wrażliwość na otaczającą nas rzeczywistość i sprawna obsługa techniczna sprzętu, aby tę wrażliwość przelać na fotografię.

Zawsze o sobie mówię, że jestem fotografem uniwersalnym, bo staram się fotografować wszystko i radzić sobie z każdym wyzwaniem. Wybierając się w plener, nie zakładam z góry, że będę się zajmować jednym motywem, a w związku z tym pozostałe mnie nie interesują i nie będę się nimi zajmować. Podczas pracy w plenerze trzeba zrobić kilka innych zdjęć i wykorzystać każdą sytuację do własnych celów. Jednak znam wielu fotografów, którzy w sposób godny podziwu na własne życzenie ograniczają się, fotografując tylko w pewnych sytuacjach. Zapominają o tym, że dobra fotografia to synteza różnego rodzaju dziedzin fotografii w jednym zdjęciu.

Właśnie dlatego będę namawiał Was do nauczenia się obsługi dostępnych urządzeń fotograficznych na takim poziomie, aby służyły wyłącznie do rejestrowania otaczającej Was rzeczywistości. Niezależnie od marki czy parametrów technicznych aparatów powinniście skupić się na obudzeniu w sobie wrażliwości i nauczeniu się podpatrywania świata, by później świadomie – z wyboru, a nie przypadkowo – utrwalać to, czego bez Waszych zdjęć nikt inny by nie zobaczył.

Fotograf musi zawsze i wszędzie mieć oczy otwarte. Powinien widzieć to, co chce uchwycić, być bystry i spostrzegawczy. Gdy wypatrzy temat – musi zastanowić się, jak go pokazać, jak ująć i w jaki sposób przekazać to, co widzi. Czy należy pokazać obiekt z dołu, z góry, z boku, z bliska czy z odległości, zza rogu czy otwarcie? Możliwości jest mnóstwo, a ponadto trzeba odpowiednio dobrać parametry techniczne sprzętu, który w danej chwili mamy przy sobie.

Jak do tego dojść? Fotograf powinien na chwilę zamknąć oczy i wyobrazić sobie, jak będzie wyglądało ostatecznie zdjęcie. Gdy już zdecyduje, co chce sfotografować, powinien zastanowić się, czym to zrobić, jakiego użyć obiektywu, by uzyskać to, co zamierza; jakich użyć elementów języka obrazu, na przykład głębi ostrości, perspektywy itd. Musi wreszcie wiedzieć, w którym momencie nacisnąć przycisk migawki. Gdy biorę aparat do ręki, jestem fotografem świadomym. Z jednej strony jest to dla mnie trening fizyczny, z drugiej – intelektualny. Muszę działać jak szybka, sprawna maszyna – w ułamku sekundy przemyśleć wiele aspektów, by błyskawicznie nacisnąć spust i zapisać ten najwłaściwszy moment.

Wszystkie te składowe fotograf musi uwzględnić podczas robienia zdjęć i – naprawdę – żaden komputer go nie wyręczy. To kluczowa kwestia w fotografii. Liczenie na łut szczęścia w nadziei, że zobaczy się coś ciekawego, przyciśnie guziczek i uzyska dobre zdjęcie, jest bardzo złudne. Często ktoś robi tysiące zdjęć, lecz żadne z nich nie jest naprawdę dobre. Założenie, że w razie czego można wykorzystać oprogramowanie do postprodukcji, też często okazuje się mylne, bo nie wszystko da się poprawić przy użyciu komputera. Wielu młodym fotografom mój punkt widzenia wyda się zaskakujący lub wręcz nie do zaakceptowania, ponieważ możliwości nowoczesnego oprogramowania komputerowego są coraz większe i ich zdaniem nie ma rzeczy niewykonalnych w postprodukcji. Uważam jednak, że takie podejście odbiera indywidualność i artyzm pracy fotografa. Do czego bowiem jest potrzebny fotograf, skoro wystarczy sprawny grafik?

Żywię przekonanie, że to właśnie umiejętność dostrzegania, wrażliwość, indywidualny punkt widzenia lub wyróżniający nas sposób pokazywania emocji na zdjęciach wyróżnia dobrego fotografa z tłumu posiadaczy aparatów fotograficznych, które w obecnych czasach są przecież ogólnodostępne, a wcale nie oznacza to, że mamy wielu wybitnych fotografów. Komputer zaś to tylko narzędzie, pozwalające dopełnić całości dzieła artysty; element ciemni cyfrowej, która w obecnych czasach zastąpiła analogową, ale z całą pewnością nie jest on narzędziem do robienia zdjęć. Aby jednak dojść do takich wniosków, nie wystarczą naprędce zdobyte informacje. Trzeba wielu lat doświadczenia oraz

fundamentalnej wiedzy teoretycznej i ogólnej, także z zakresu historii fotografii, by przełamać tworzące się stereotypy. Zanim więc omówię elementarne składowe dobrej fotografii oraz najważniejsze zagadnienia z tej dziedziny, postaram się przedstawić mój indywidualny punkt widzenia na rozmaite stereotypy, które wraz z pojawieniem się fotografii cyfrowej zaczęły narastać wokół tej dziedziny sztuki.

By dobrze fotografować, robić dobre zdjęcia, fotograf musi wiedzieć, co to znaczy „dobre zdjęcie". Musi wyznaczyć punkt, do którego będzie zmierzał w swojej karierze zawodowej. Gdy biorę aparat do ręki, zastanawiam się, jakich mam użyć środków wyrazu, żeby zdjęcie było jak najlepsze. Co to jednak oznacza? Analiza fotografii jest jednym z najważniejszych przedmiotów we wszystkich szkołach i uczelniach fotograficznych i filmowych. Pozwala wykształcić i utrwalić niezbędną wrażliwość, sposób odczytywania zawartego w fotografii kodu. Jak w takim razie zdefiniować dobre zdjęcie?

Nie możemy powiedzieć, że zdjęcie jest dobre, bo jest ostre, ma ładną kolorystykę, A modelka wygląda sympatycznie. Nie twierdźmy też, że to świetny akt, ponieważ modelka ma obfite piersi i kształtne pośladki, ani że jakieś zdjęcie samochodu jest dobre, bo jest na nim ferrari z limitowanej serii. To bzdury, które prześladują wielu fotografów. Ci, którzy w porę nie zdadzą sobie z tego sprawy, nigdy nie zrobią kroku naprzód, będą wciąż stać w miejscu.

Wróćmy jednak do definicji. Według mnie dobre zdjęcie to takie, na którym po pierwsze uchwycono odpowiedni moment, ma ono coś, co powoduje, że fragment rzeczywistości ukazano w taki, a nie inny sposób. Dobry fotograf to zatem ten, kto wie, kiedy nacisnąć spust migawki.

Po drugie dobre zdjęcie zawiera nie tylko treść uchwyconą w odpowiednim momencie, ale też tę dodatkową, wypatrzoną przez fotografa, czyli dobry fotograf to ten, który wie, gdzie zrobić zdjęcie.

Po trzecie to obraz, na którym fotograf świadomie użył jak największej liczby elementów języka obrazu.

A czym jest ów język obrazu? Składa się nań wszystko, co ułatwia budowanie dramaturgii zdjęcia, a zatem stworzenie interesującej kompozycji oraz wykorzystanie aspektów technicznych fotografii. Na tę całość składa się kompozycja, perspektywa patrzenia, perspektywa wynikająca z użytych elementów optycznych (np. skrócona w teleobiektywie lub wydłużona w wypadku szerokich kątów). Innym środkiem wyrazu jest sposób przedstawienia ruchu – może być on zamrożony, gdy ustawimy krótki czas ekspozycji, lub rozmyty, rozciągnięty, kiedy wybierzemy długi czas. Kolor – stopień jego nasycenia, struktura i faktura obrazu – to kolejne ważne składowe. Następną stanowi głębia ostrości wynikająca z ustawień optyki – długości ogniskowej, rozmiarów otworu przysłony. Istotne jest również wykorzystanie oświetlenia, ziarna, zaszumienia, kontrastu, zastosowanie różnych technik, jak na przykład HDR (*High Dynamic Range*), funkcji umożliwiającej wykonywanie zdjęć o szerokiej rozpiętości tonalnej. Aspektów języka obrazu można wyliczyć jeszcze wiele, ale te, które wymieniłem, wydają się najważniejsze.

Im więcej tych elementów zastosuje się na zdjęciu, tym będzie ono lepsze. Występują one zawsze i na wszystkich zdjęciach. Pozostaje jedynie problem, w jakiej mierze użyto ich przypadkowo, a w jakiej intencjonalnie. Czy dobrze ze sobą współgrają? Jak wpływają na zobrazowanie tematu? Poświęćmy więc chwilę, by zastanowić się nad najważniejszymi elementami języka obrazu.

CZĘŚĆ I

TROCHĘ TEORII

Elementy języka obrazu

Barwa i balans bieli

W fotografii analogowej barwa i balans bieli były prawdziwą zmorą dla fotografów. Jeszcze kilkanaście lat temu niewielu ludzi zajmowało się fotografią barwną, zapewne z tego powodu, że materiałów barwnych brakowało, ale i z tej przyczyny, że była to bardzo trudna dziedzina fotografii. Trzeba było umiejętnie stosować filmy do światła dziennego lub sztucznego, a ewentualne rozbieżności w temperaturze barwowej korygować, stosując odpowiednie filtry konwersyjne lub korekcyjne. Trudna była także fotografia na materiałach odwracalnych – slajdach. Slajd nie wybaczał błędów, niewiele dało się poprawić, gdy był niedoświetlony lub prześwietlony.

Fotografia cyfrowa jest dobrodziejstwem dla fotografa – problem z doborem właściwego balansu bieli właściwie przestał istnieć. Po pierwsze dlatego że aparat automatycznie ustawia ten parametr, po drugie zaś w procesie postprodukcji można bezkarnie właściwy kolor uzyskać. Brzmi to pozornie prosto, jednak jest coś takiego w fotografii cyfrowej, co nazywamy zarządzaniem kolorem. Ma ono na celu doprowadzenie do tego, żeby barwy wyglądały jednakowo na każdym nośniku: na ekranie aparatu, na monitorze i na papierze po wydrukowaniu. Zagadnienie to omówimy dokładniej w dalszej części książki.

Dziś nie musimy przejmować się tym, jakiego filmu użyć, aparat automatycznie dostosuje temperaturę barwową do oświetlenia. Wiele aparatów wyposażono w funkcję wyłączenia ustawień automatycznych i samodzielnego dostosowywania temperatury barwowej. Służy to uzyskaniu dodatkowych efektów na zdjęciach.

Inna, równie istotna kwestia, to nasycenie barwy. Patrząc na motyw, trzeba zdecydować, czy chce się otrzymać zdjęcie kolorowe, czy stonowane. Decyzja ta nie zależy od tego, czy włączę tryb kolorowy, czy czarno-biały w aparacie, ale od światła. Do zdjęć barwnych potrzebne są trzy elementy; motyw (np. osoba w czerwonej koszulce), światło i poprawna ekspozycja. Te trzy elementy, sprzęgnięte ze sobą, dają gwarancję otrzymania dobrego, kolorowego zdjęcia. Często się słyszy: „Te fotografie są takie kolorowe, na pewno zostały poprawione na komputerze". A to jest mylna opinia – wiele osób mówi tak, bo wydaje im się, że skoro w Zabrzu na Śląsku nie ma błękitnego nieba, to nigdzie go nie ma. Tymczasem jeśli jesteśmy w Andach na wysokości pięciu tysięcy metrów, to błękitu nieba możemy być pewni. Zachęcam Was do przeprowadzenia pewnego eksperymentu. W dniu, gdy jest piękna pogoda, na plaży jest kolorowo, piasek się złoci, a morze zdaje się turkusowe. Człowiek widzi to gołym okiem i aparat również. Zróbcie wtedy zdjęcie. Kolejne wykonajcie innego dnia, gdy przejdzie front atmosferyczny i pojawią się ciężkie chmury. Światła słonecznego nie będzie zbyt wiele i okaże się, że barwy przyblakły. Piasek już nie jest złoty, morze stało się szare, nawet ludzie jawią się jako niezbyt kolorowi. I oko, i aparat zarejestrują wszystko w kolorze, ale przytłumionym, poszarzałym. Aby wydobyć barwy na zdjęciu, musimy mieć odpowiednie światło. Drugi ważny warunek to prawidłowa ekspozycja. Co z tego, że mam piękną, słoneczną plażę, jeśli pomylę się, ustawiając liczbę przysłony, i zdjęcie, które miało się skrzyć barwami, jest szarobure z powodu złej ekspozycji?

Oczywiście można sobie pomóc w wyeksponowaniu kolorów. Dobrym rozwiązaniem jest filtr polaryzacyjny, który zwiększa nasycenie barw i przyciemnia niebo, sprawiając, że zdaje się ono bardziej niebieskie. Natomiast kreowanie koloru po powrocie do domu na ekranie komputera jest żmudne i z reguły nieskuteczne. Jeśli nie został zarejestrowany na zdjęciu, to kręcenie suwakami programu graficznego niewiele zmieni, a może zintensyfikować szumy. Cokolwiek byśmy zrobili, wyjdzie to nienaturalnie i nieprawdziwie.

Światło

Światło w fotografii odgrywa rolę kluczową, to główny element języka obrazu. To truizm, ale jakże często pomijany w fotograficznych działaniach. Światło to nie tylko źródło ekspozycji, ale przede wszystkim element budujący dramaturgię, charakter sceny, oddający głębię kadru, często dodający trzeciego wymiaru płaszczyźnie zdjęcia. Od światła zależy barwa, kontrast, ekspresja wypowiedzi fotografa. To światło na zdjęciu maluje obrazy. Jego kierunek, temperatura barwowa, intensywność, twardość czy miękkość nie powinny nigdy być na zdjęciu przypadkowe. Światło to również źródło cienia, który stanowi element kompozycji obrazu. Fotograf powinien przede wszystkim widzieć światło, poznać jego naturę, znać jego cechy fizyczne, by mógł świadomie wykorzystywać je w fotografii. Co więcej, fotograf w warunkach sztucznych powinien za pomocą lamp zbudować tak scenę świetlną, by ona w sposób jak najbardziej naturalny oddawała światło zastane w przyrodzie. Światłem można sterować i manipulować nie tylko zmieniając jego właściwości fizyczne, ale także odpowiednio go eksponując. Dzięki temu można tworzyć zróżnicowane nastroje w oparciu o tak zwane klucze świetlne. Niski klucz tworzy efekt nocy, ponurego nastroju, charakteryzuje się głębokimi cieniami i niewielką ilością jasnych plam w obrazie. Wysoki klucz tworzy efekt rozświetlonego dnia, daje radosny pozytywny nastrój. Charakteryzuje się delikatnymi cieniami i małym kontrastem. Średni klucz to ogólnie mówiąc zwykła codzienność, taka jak to, co widzimy naszymi oczami. I na koniec wisienka na torcie. To fotograf decyduje za pomocą odpowiedniej wartości przysłony, jaki efekt świetlny wyjdzie mu na zdjęciu. To czy zdjęcie będzie naeksponowane w punkt, czy prześwietlone (wysoki klucz) lub niedoświetlone (niski klucz), ma ogromne znaczenie. To co piszę, pozornie jest skomplikowane i może przyprawić o zawrót głowy, ale to abecadło doświadczonego fotografa i temat na osobne opracowanie. Z każdą setką zrobionych zdjęć będziemy bliżej poznania natury światła. Nie musimy iść na studia, wystarczy, że będziemy wrażliwie i wnikliwie podpatrywać naturę, starać się dostrzegać światło. Fotografować je i analizować efekty, jakie uzyskujemy na zdjęciu. Reszta przyjdzie sama. Podczas podróży światło zawsze jest z nami, warto się z nim zaprzyjaźnić.

Światło zastane, słoneczne, ale też światła nocy to moje ulubione źródła oświetlenia planu zdjęciowego. Nie lubię lampy błyskowej, co oczywiście nie oznacza, że jej nie używam. Staram się jednak minimalizować jej stosowanie. Nie lubię jej używać z dwóch powodów: po pierwsze w mojej torbie fotograficznej nie ma na nią miejsca, po drugie w znakomitej większości przypadków światło lampy błyskowej psuje zdjęcie. Jestem zwolennikiem szukania motywów dobrze oświetlonych. Na pewno nie jest to rozwiązanie dla fotografów zawodowych, którzy zawsze muszą mieć idealne zdjęcie pod względem technicznym. Ja jestem fotografem, który może sobie czasem pozwolić na komfort dyktowania warunków i staram się także w pracy zawodowej unikać lampy błyskowej, o ile tylko jest to możliwe. Współczesne aparaty cyfrowe pozwalają robić zdjęcia z wykorzystaniem bardzo dużej czułości, pracują sprawnie nawet przy wysokim ISO, wobec czego tak na dobrą sprawę nie jest to kwestia ekspozycji. Kiedyś lampa błyskowa była podstawą dla fotografa – albo robił zdjęcia z lampą, albo wcale, bo było zbyt ciemno. Dziś nawet w bardzo słabych warunkach oświetleniowych aparaty pozwalają wykonać udane zdjęcie. Zamiast iść na łatwiznę, szukam więc dobrego światła.

Jeśli jednak trzeba użyć lampy błyskowej (w końcu zdarzają się takie sytuacje), należy unikać bezpośredniego błysku na wprost, jaki dają lampy wbudowane w aparaty fotograficzne. Często się zdarza, że fotografowie korzystają z tej lampy, a potem ludzie widniejący na zdjęciach mają czerwone oczy, płaskie, zbyt intensywnie oświetlone twarze, a za plecami niezgłębioną czerń. Choć tego nie lubię, z konieczności, czasem muszę fotografować z lampą błyskową. Preferuję jednak wbudowane w korpus, tyle tylko że używam ich nieco inaczej niż większość ludzi. Nie generuję bezpośredniego błysku, lecz odbijam światło lampy od sufitu, kierując strumień błysku do góry. Można to zrobić nawet taką małą lampką, chodzi bowiem jedynie o to, by kontrolować światło padające na obiekt. Często zamiast lampy wożę ze sobą zwykłą latarkę, która znakomicie spełnia funkcję urządzenia doświetlającego pierwszy plan. Światło latarki jest widoczne w kadrze w przeciwieństwie do światła błyskowego, które mogę sobie najwyżej wyobrazić. Gdy możemy sobie pozwolić zaledwie na jeden strzał, wtedy łatwo o pomyłkę i dysonans między tym, co widzimy, a tym, co zarejestruje aparat.

Kontrast

To parametr, który wpływa na barwę i zależy od oświetlenia. Fotograf musi świadomie i precyzyjnie kontrolować kontrast na zdjęciu, po to by wykorzystać go jako środek wyrazu artystycznego do własnych celów. Jak można to robić?

Najprościej – ustawiając samemu światło. Nie zawsze da się to zrobić, zwłaszcza jeżeli się podróżuje i fotografuje przy świetle zastanym. Zawsze jednak można wybierać ze światła zastanego takie wycinki, które najbardziej nas interesują. Kontrast da się też regulować za pomocą ekspozycji. Ekspozycja trafiona w punkt gwarantuje, że kontrast będzie optymalny. Jeżeli ustawię zbyt krótką ekspozycję, zdjęcie wyjdzie za ciemne, a kontrast się zmniejszy, jeśli zaś prześwietlę fotografię, okaże się że jest na niej zbyt dużo bieli, a kontrast zwiększy się, stanie się nieznośny i zepsuje zdjęcie. Kontrast można też regulować przy użyciu filtrów polaryzacyjnych, ale równie ważny jest filtr Low Contrast. W fotografii cyfrowej mogę użyć takiego filtru w procesie postprodukcji, ale tylko wtedy, gdy kontrast został w całości przeniesiony na zdjęcie i chcę jedynie go zmniejszyć. Jeśli na zdjęciu kontrast jest zbyt duży, w obrazie pojawią się dziury. Obszary prześwietlone staną się całkowicie białe, puste i pozbawione szczegółów, cienie zaś zupełnie czarne i również pozbawione detali. Jedno i drugie zjawisko jest bardzo niekorzystne.

Aparaty cyfrowe mają jeszcze tę wadę, że nie przenoszą kontrastu tak dobrze jak dawne materiały analogowe. Jednak technika idzie naprzód, a inżynierowie wymyślają coraz nowsze rozwiązania, które pomagają fotografom. W wielu aparatach zainstalowano już algorytm, dzięki któremu zakres przenoszonego kontrastu znacznie się rozszerzył. Jest to HDR (*High Dynamic Range*). Dzięki niemu da się fotografować plan w bardzo dużej rozpiętości tonalnej. Rozpiętość tonalna to różnica pomiędzy najjaśniejszym a najciemniejszym punktem fotografowanej sceny. Duża rozpiętość tonalna materiału fotograficznego (lub matrycy światłoczułej) umożliwia zarejestrowanie detali kontrastowego obiektu bez utraty szczegółów w światłach bądź cieniach. Ludzki mózg analizuje najpierw cienie, potem światła, oko się akomoduje, więc człowiek widzi więcej niż aparat fotograficzny, który ma ograniczoną pojemność tonalną. Im lepszy aparat, tym zakres tonów jest większy. Jednak na ogół nie udaje się zmieścić skrajnych wartości rozpiętości tonalnej obrazu, tak żeby było widać szczegóły w światłach i cieniach, a obraz pozostał klarowny. Z pomocą przychodzi nam właśnie tryb pracy HDR. Gdy go włączymy, aparat wykonuje trzy zdjęcia: jedno standardowe, drugie z ekspozycją na cienie, tak by były widoczne wszystkie szczegóły, a trzecie z ekspozycją na światła. Za jednym naciśnięciem spustu migawki aparat rejestruje jednocześnie trzy klatki, a następnie łączy je w jedno zdjęcie.

Jest jeszcze jedna metoda regulowania kontrastu – używanie blend, czyli doświetlanie motywu. Doświetlać można światłem dziennym odbitym od powierzchni rozpraszającej albo wykorzystać lampę błyskową i doświetlać cienie za pomocą błysku. To wszystko są elementy, o których fotograf musi pamiętać i w razie potrzeby je stosować.

Ostrość

Dla wielu fotografów to najważniejszy parametr – zdjęcie musi być ostre jak brzytwa. W historii fotografii znajdziemy jednak mnóstwo zdjęć, które są zupełnie nieostre, a jednak znakomite. Ponieważ poglądy w tej materii są różne, warto wiedzieć, kiedy można pozwolić sobie na nieostrość na zdjęciu, kiedy bywa ona konieczna, a kiedy psuje zdjęcie. Trzeba się też nauczyć, jak zrobić ostre zdjęcie i od czego ostrość zależy. Najczęściej powodem niedostatecznej ostrości zdjęć jest to, że fotograf nie potrafi jej uzyskać. Ostrość zdjęcia zależy między innymi od tego, czy jest poruszone czy nie. Większość zdjęć nieostrych powstaje z powodu poruszenia aparatu, a zatem ostrość w dużej mierze zależy od tego, jak stabilnie trzymamy aparat i jak stabilnie potrafimy wyzwalać migawkę. Jeśli fotograf nie umie mocno utrzymać aparatu i generuje jego drgania, powinien zastosować jak najkrótszy czas otwarcia migawki. Im dłuższy obiektyw, tym krótszy powinien być czas otwarcia migawki, czyli w wypadku teleobiektywów na przykład 1/1000 s, a przy fotografowaniu obiektywami szerokokątnymi można go wydłużyć do 1/60 lub 1/30 s. Mając już pewne doświadczenie, można zrobić szerokim obiektywem zdjęcia z ręki przy czasach 1/2, 1/4 czy 1 s. Oczywiście warto oprzeć się o drzewo czy mur i fotografować w trybie zdjęć seryjnych, by wyeliminować poruszenie aparatu, do którego najczęściej dochodzi, gdy wciskamy palcem przycisk migawki. Przydatna jest wbudowana w korpus aparatu (lub obiektyw) technologia niwelowania poruszeń na ostatecznych zdjęciach. Stabilizacja matrycy lub obiektywu – są tu dwie odmiany, a wybór należy do fotografa – eliminuje drgania, jakie generuje fotograf trzymając aparat w dłoni. Bardziej uniwersalny jest system stabilizacji matrycy, gdyż działa on z każdym typem obiektywów, nawet tych starszych, które dołącza się do współczesnych aparatów poprzez odpowiednie adaptery. Jeżeli stabilizatory wbudowane są w obiektywy, sprzęt jest dużo droższy. Jakimkolwiek jednak dysponujemy systemem, nie jest to złoty środek i panaceum na rozmyte zdjęcia. Można dzięki niemu wyeliminować drgania w pewnym zakresie, ale nigdy całkowicie.

Innym aspektem wpływającym na ostrość zdjęcia jest oświetlenie. Jasny, kontrastowo oświetlony motyw subiektywnie wydaje się ostrzejszy i na zdjęciu też będzie wyglądał bardziej ostro. Jeśli natomiast robimy zdjęcia we mgle lub na zewnątrz jest szaro, to subiektywnie nie otrzymamy tak wysokiej ostrości. Ostrość zależy również od obiektywu, nie tylko od jego klasy, ale też od otworu przysłony zastosowanego podczas fotografowania. Im większy ustawimy otwór (czyli im mniejsza będzie wartość f), tym mniejszą uzyskamy ostrość, zmniejszając otwór przysłony (zwiększając f), sprawiamy, że ostrość się nasila. Górną granicę przymykania otworu, której nie powinno się przekraczać w wypadku aparatów cyfrowych, stanowi wartość f wynosząca 11, powyżej niej ostrość znów zaczyna spadać.

Na ostrość zdjęć ma wpływ to, co zakładamy na obiektyw. Wiele osób kupuje drogi, dobry obiektyw i, chcąc go chronić, zakłada tani filtr UV. Wtedy wszystkie starania konstruktorów, by zrobić superobiektyw, zostają zniwelowane przez byle jakie szkiełko, dodatkowo zabrudzone paprochami czy tłustymi plamami.

Według mnie najważniejszą kwestią dotyczącą ostrości zdjęć jest po prostu trafne jej ustawienie. Załóżmy, że mamy sprawny aparat i wszystko działa w nim jak należy; jeśli nie ustawimy precyzyjnie ostrości, na nic się zdadzą wszelkie inne starania. Autofokus wyręcza fotografa w tej pracy, ale i on może się pomylić. Czasem zdarza się, że aparat informuje, iż ostrość jest już ustawiona, robimy więc zdjęcie, a potem okazuje się, że wyszło nieostre. Żeby aparat ustawił prawidłowo ostrość, musimy dać mu na to szansę. Starajmy się ustawić punkt ostrości na motywach kontrastowych, bo jest to dla sprzętu, niezależnie od producenta, duże ułatwienie. Czasami aparat ustawi ostrość nie w tym miejscu, gdzie chcemy, co wynika z ustawień w menu. Gdy ustawię szerokie pole autofokusa, to aparat automatycznie decyduje, gdzie ma ustawić ostrość, nie rozpoznając intencji fotografa. Gdy jest to potrzebne, ustawiam precyzyjnie punkt ostrości, bo to ja decyduję, w którym miejscu obraz ma być ostry. Gdy robię zdjęcia portretowe, używam obiektywu standardowego (o ogniskowej 50 mm), aparat sam wykrywa twarz i ustawia ostrość prawidłowo. Ale jeśli podepnę do aparatu obiektyw długoogniskowy i fotografuję na otwartej przysłonie, mam małą głębię ostrości. Wtedy okazuje się, że kiedy ustawię ostrość na czubek nosa, oczy pozostaną nieostre. W takiej sytuacji ratunkiem jest wybór centralnego punktu ostrzenia i precyzyjne jego ustawienie.

Można również ostrzyć obraz manualnie. W takim wypadku fotograf musi wykazać się nienagannym wzrokiem. To oczywiste? Ilu z Was i kiedy ostatni raz badało sobie wzrok? Wiele razy widziałem zepsute zdjęcia i wściekłych na swój sprzęt fotografów, a tymczasem fakty są inne. Trudno jest na ciemnej matówce (zwłaszcza kiedy zamiast pryzmatu, mamy tańsze rozwiązanie w postaci układu luster), kiedy pracujemy starymi ciemnymi obiektywami w trudnych warunkach oświetleniowych, precyzyjnie ustawić ostrość. Często jest to po prostu niemożliwe. Ale we współczesnych aparatach, przynajmniej tych, którymi fotografuję, do dyspozycji mam bardzo pomocną funkcję podświetlania ostrej krawędzi na matówce/wizjerze aparatu. To bardzo ułatwia ustawianie ostrości manualnej. Pomysł prosty i zaczerpnięty z profesjonalnych kamer telewizyjnych. Możliwy jednak do zastosowania tylko na elektronicznych wizjerach.

Głębia ostrości

Często polemizuję z poglądem, że głębia ostrości to jeden z najważniejszych parametrów zdjęcia. Fotografia ani się nie zaczyna, ani nie kończy na głębi ostrości, a wielu fotografów zapomina o tym, że jest to zaledwie jeden z wielu środków wyrazu.

Od czego zależy głębia ostrości? Przede wszystkim od ogniskowej obiektywu. Nie wdając się w techniczne rozważania (bo w aparatach cyfrowych ogniskowa obiektywu zależna jest od rozmiaru elementu światłoczułego, na którym zapisywany jest obraz), powiem to w ten sposób: im szerszy kąt ma obiektyw, tym ogniskowa jest krótsza i głębia ostrości większa, im obiektyw dłuższy, tym głębia ostrości mniejsza. Zależy ona także od tego, jaka zostanie zastosowana przysłona – im przysłona jest bardziej otwarta, tym mniejsza powstaje głębia ostrości, gdy zaś przymykamy przysłonę, głębia ostrości się zwiększa. Jednak nie wystarczy zamknąć przysłonę, by uzyskać zdjęcia ostre w bardzo szerokim zakresie odległości. Jeśli w obiektywie długoogniskowym, na przykład 200–300 mm, zamkniemy przysłonę do f/22, głębia ostrości będzie mała. A czy jest możliwe zrobienie obiektywem szerokokątnym zdjęcia o małej głębi ostrości? Tak, to wykonalne; trzeba tylko otworzyć maksymalnie przysłonę i robić na przykład portret z odległości jednego metra. Wtedy okaże się, że głębia ostrości rozciąga się od 70 cm do 1,2 m i wszystko w tym zakresie jest ostre, a tło pięknie się rozmywa. Istnieją specjalistyczne obiektywy, na przykład f/1,4/35 mm, przeznaczone do zadań specjalnych. To obiektywy szerokokątne, ale duży otwór przysłony sprawia, że głębia ostrości jest minimalna, liczona w centymetrach. Bardzo dobra plastyka tych obiektywów wykorzystywana jest przez fotografów nie tylko do zdjęć portretowych, ale i do reportażu.

Perspektywa patrzenia

To najprostszy, ale często bagatelizowany element języka obrazu. A przecież od perspektywy patrzenia zależy kompozycja obrazu i jego ogólny wyraz. Właściwie rozróżniamy trzy rodzaje perspektywy: ptasią (gdy spoglądamy z góry), żabią (kiedy obserwujemy obiekty od dołu) i neutralną (gdy obiekt znajduje się na poziomie wzroku). Najłatwiej zauważyć znaczenie perspektywy patrzenia, gdy fotografujemy przy użyciu obiektywu szerokokątnego: w perspektywie żabiej wszystkie linie zbiegają się ku górze, w ptasiej – zdążają ku dołowi, a w neutralnej – łączą się pośrodku obrazu. Podczas fotografowania używamy perspektywy widzenia w każdej sytuacji, ale na przykład podczas sesji modowych, używając obiektywu szerokokątnego, fotografuje się z dołu, by wydłużyć nogi modelki albo wysmuklić sylwetkę. W fotografii podróżniczej co prawda nie robi się zdjęć modelek, ale jeśli zamierza się portretować ludzi, jest to bardzo trafny zabieg. W fotografii pejzażowej dzięki takiej perspektywie można w kadrze zmieścić zdecydowanie więcej morza, pustyni albo nieba – wystarczy wtedy podnieść aparat o metr w górę, a perspektywa widzenia zmienia się zupełnie.

Skrót perspektywy

Ten element języka obrazu wynika z zastosowanej optyki. Jeśli użyjemy obiektywu szerokokątnego, perspektywa linearna wydłuży się, a świat się oddali. Jest to zresztą nie tylko skutek uciekania obrazu w głąb, ale i wyeksponowania pierwszego planu. Wszystko, co znajduje się bliżej obiektywu, powiększa się, a elementy położone dalej stają się mniejsze. Skuśmy się na eksperyment i sfotografujmy obiektywem szerokokątnym dziecko na pierwszym planie, a jego tatę na dalszym. Zobaczymy, że malec okaże się wyższy od ojca. To jeden z wielu tricków, które fotograf może zastosować, powiększając arsenał środków wyrazu. Teleobiektyw zaś skraca perspektywę linearną, przybliżając obraz (jednocześnie zmniejsza się też głębia ostrości). Skrót perspektywy polega na tym, że wszystko, co znajduje się na pierwszym planie, staje się mniejsze, a elementy na dalszych planach wydają się subiektywnie większe. Jeśli postawimy ojca na pierwszym planie, a dziecko na drugim, to będzie ono subiektywnie większe od taty. Efekt skrótu perspektywy wykorzystuje się często, by uzyskać potężne, mocno rozbudowane tło. Gdy fotografuję jakąś osobę na tym tle, odnoszę wrażenie, że tło przytłacza modela, i wydaje się, że element tła jest większy niż w rzeczywistości.

Wspomnijmy również o obiektywach standardowych. Taki obiektyw pozwala zarejestrować obraz podobny do tego, który powstaje w ludzkim oku. Kąt widzenia oka wynosi mniej więcej 45 stopni. Fotografowie dokumentalni, reporterzy często korzystają z obiektywu standardowego, by uzyskać obraz jak najbliższy rzeczywistości i ludzkiemu postrzeganiu.

Ja w swej pracy wykorzystuję właściwości perspektywy odmiennie, bardzo często używam skrajnych ogniskowych, różniących się od obiektywów standardowych, po to, by zaskakiwać perspektywą. Wolę budować takie kadry, do których ludzkie oko nie jest przyzwyczajone, dlatego posługuję się wszelkimi niestandardowymi obiektywami.

Zastanówmy się jeszcze nad kolejnym aspektem języka obrazu, a mianowicie nad krzywiznami. Wynikają one z zastosowania obiektywów skrajnie szerokokątnych, ale też z wad optycznych obiektywów. Im szerszy kąt ma obiektyw, tym wad jest więcej, ale wiele z nich można, mimo wszystko, wykorzystać. Między innymi efekt beczki lub poduszki, który najwyraźniej widać na zdjęciach wykonanych przy użyciu obiektywów ultraszerokokątnych typu *fisheye*, których kąt widzenia nierzadko sięga 180 stopni. To specyficzne obiektywy, bardzo często wykorzystywane do uzyskania efektów specjalnych. Bardzo jednak łatwo wpaść w tanie efekciarstwo, jeśli używa się ich bez głębszego zastanowienia i potrzeby. Warto się postarać, by efekt nie przytłoczył swoją agresywnością pozostałych elementów obrazu.

W fotografii podróżniczej bardzo rzadko korzysta się z obiektywów specjalnych typu *tilt-shift* do fotografowania architektury. Są one wyposażone w funkcje korygowania perspektywy i regulowania głębi ostrości za pomocą skosów. Z reguły są bardzo drogie, ale istnieje ich tańsza (co nie oznacza, że gorsza) odmiana, a mianowicie *lensbaby*. Taki obiektyw pozwala w sposób płynny złamać oś optyczną i w ten sposób skorygować lub zniszczyć perspektywę, bo element optyczny w tym obiektywie jest ruchomy. Korzystam z takich rozwiązań rzadko i niechętnie, trzeba bowiem pamiętać, że obiektywy tego typu mają wszelkie możliwe wady, co psuje ostateczny obraz.

Ruch

Ruch zamrożony czy nie? W szkołach filmowych i fotograficznych bardzo wiele uwagi poświęca się na ćwiczenia, w których ruch na zdjęciu odgrywa główną rolę.

Jak oddać ruch na zdjęciu? To wbrew pozorom dość złożony problem, nie każdy fotograf sobie z nim radzi. Gdy fotografuje się zawody sportowe, na przykład jadącego motocyklistę na torze, trzeba zdecydować, jak go zarejestrować. Jeśli ma to być ruch rozmyty, wystarczy ustawić aparat na statywie i otworzyć migawkę. Motocyklista przejedzie przez kadr, a jego ruch się rozciągnie. Ale co zrobić, by motocyklista w ruchu wyszedł na zdjęciu ostry? Można wykorzystać długi czas otwarcia migawki. Kadr ustawiamy na motocyklistę i ostrzymy w stałym punkcie. Wiedziemy aparatem za motocyklistą równolegle i bardzo dokładnie, czyli go śledzimy. Byłoby to proste, gdyby udało nam się jechać równo z motocyklistą. Kiedy jednak stoimy w miejscu i podążamy obiektywem za motorem, aparat może się znaleźć w pozycji równoległej do fotografowanego obiektu tylko w jednym punkcie. Autofokus cały czas zmienia ustawienie ostrości, ponieważ odległość kątowa co ułamek sekundy jest inna. Nie zawsze się to udaje. Tymczasem chcemy, by motocyklista był ostry, dynamicznie ujęty. Musimy więc zrobić zdjęcie, unikając rozmycia obrazu. Wykorzystuje się do tego wiele elementów języka obrazu, między innymi perspektywę patrzenia. Ustawiamy się tak, by sfotografować motocyklistę na wirażu, gdy pochylony wchodzi w zakręt. Ta dynamika podkreśli jego ruch. Takie podejście do fotografowania ruchu dotyczy nie tylko zdjęć sportowych, ale też wielu innych. Na przykład gdy chcemy pokazać ruch na zatłoczonych ulicach egzotycznych miast. Dynamika wynikająca z perspektywy patrzenia doskonale oddaje ruch.

Ziarno

W wypadku materiałów analogowych podział jest prosty. Używanie filmu o małej czułości skutkuje uzyskaniem małego ziarna, a w miarę zwiększania czułości otrzymujemy coraz większe ziarno. Im większy rozmiar klatki, tym mniejsze ziarno i odwrotnie: w wypadku aparatów małoobrazkowych ziarno jest większe. To dość proste zależności. Można też manipulować ziarnem, stosując odpowiednie wywoływacze i papier fotograficzny. W fotografii cyfrowej jest podobnie. Im mniejsza czułość (ISO), tym poziom zaszumienia (czyli odpowiednik analogowego ziarna) mniejszy, ale im mniejsza matryca światłoczuła, tym więcej szumów. Kompakty zwykle mają małą matrycę. Jeżeli tego typu aparatem wykonamy zdjęcia, ustawiając wysokie ISO, to jest prawie pewne, że poziom zaszumienia obrazu będzie znaczny, a zatem fotografie nie będą się nadawały do dużych powiększeń. W fotografii cyfrowej niezwykle ważne są elementy elektroniczne i to, w jaki sposób procesor obrazowy obrabia i zapisuje gotowe zdjęcie.

Zaszumienie można regulować za pomocą komputera i oprogramowania. Aparat cyfrowy ma najczęściej wbudowane algorytmy odszumiania. Specjalistyczne programy lub wtyczki do programów graficznych również służą do regulacji zaszumienia. Oczywiście te algorytmy są lepsze i gorsze, ale im bardziej zaawansowany aparat, tym programy są bardziej wydajne. Warto jednak pamiętać o tym, że każda ingerencja w zdjęcie powoduje pewną degradację obrazu. I chociaż szumy będą mniejsze, to gołym okiem będzie widać na przykład zbytnie wygładzenie skóry, brak naturalnych porów czy zmarszczek. To właśnie efekt zastosowania odszumiaczy w aparacie. Dlatego lepiej jest mieć ten proces pod kontrolą podczas komputerowej edycji zdjęć. Warto też pracować na porządnym monitorze. Filtry odszumiające trzeba stosować tak, by obraz został pozbawiony szumów, ale by nie uległa degradacji jego faktura.

Zaszumienie obrazu często bywa demonizowane przez fotografów, traktowane jako jeden z najważniejszych parametrów sprzętu, tymczasem jest to jeden z mniej istotnych wyznaczników i zawsze możemy mieć go pod kontrolą. Działa to również w drugą stronę. Czasem, gdy stwierdzę, że brakuje mi czegoś w zdjęciu, jakiegoś rysu artystycznego, aury fotografii z lat 60. ubiegłego wieku, sięgam po efekt większego ziarna – zaszumienia obrazu. Ustawiam wtedy większą czułość w aparacie i w ten sposób uzyskuję wzmożone zaszumienie. Mogę też fotografować normalnie, a potem w postprodukcji zwiększyć poziom szumów w komputerze. To fotograf decyduje, jaki ma być poziom zaszumienia jego zdjęć; powinien to przewidzieć, zanim zacznie fotografować.

Filtry artystyczne

Od dawna toczy się zażarta dyskusja pomiędzy zwolennikami a przeciwnikami stosowania filtrów artystycznych. Przeciwnicy dzielą się na dwie grupy: jedni są przeciwni stosowaniu jakichkolwiek filtrów w fotografii cyfrowej, to ortodoksi czystej fotografii, drudzy zaś uważają, że filtry można stosować, ale tylko i wyłącznie w postprodukcji.

Należę do grona osób, które znajdują się po drugiej stronie barykady, jestem wielkim entuzjastą filtrów artystycznych i to właśnie stosowanych w trakcie fotografowania. Dlaczego? Ponieważ mając aparat wyposażony w takie filtry, mogę zobaczyć na żywo obraz na jego ekranie już odfiltrowany. A to zmienia sposób patrzenia na fotografowany motyw. Postrzegam świat oczami, a raczej matrycą aparatu, i podczas kadrowania, przy budowaniu kompozycji zdjęcia, widzę, jak on naprawdę wygląda. To działanie zgodne z moją filozofią fotografowania, w myśl której fotografia zaczyna się i kończy w chwili naciśnięcia spustu migawki. Chcę mieć wszystkie atuty w jednym ręku, wyzwolenie migawki wieńczy moje dzieło. Przypomina mi to czasy, gdy zajmowałem się fotografią klasyczną, wybierałem się na zdjęcia i z góry wiedziałem, na jakim filmie będę je robił, czy to będzie film kontrastowy, do światła dziennego czy sztucznego. Wiedziałem, jak ten świat będzie wyglądał, już w chwili wybierania filmu. Tak samo jest teraz.

Oczywiście można się spierać, czy tak naprawdę jest to zabieg artystyczny, czy kiczowaty. Ja się takimi dywagacjami nie przejmuję, bo fotografowanie ma dawać mi radość, a dopóki ją przynosi, takie rozterki są mi obce.

Dylematy

Tryb fotografowania. Manualny czy automatyczny?

Pytanie: „Robić zdjęcia, używając trybu manualnego, czy zdać się na automatykę aparatu?", to częsta przyczyna sporów między fotografami młodego i nieco starszego pokolenia. W powszechnej opinii świadomy fotograf to taki (zawodowy, półprofesjonalny czy amator), który pracuje wyłącznie w trybie manualnym, podczas gdy tryb automatyczny zarezerwowany jest dla osób mających mgliste pojęcie o fotografii, czyli początkujących amatorów. Dlaczego tak się dzieje? Fotograf zawodowy sam sobie wyznacza parametry techniczne, które według niego będą optymalne dla jakości zdjęcia.

Ja zawsze fotografuję w trybie automatycznym, ewentualnie, w drodze wyjątku, w trybach półautomatycznych. Dlaczego tak robię i jakie zalety ma tryb automatyczny?

Aby odpowiedzieć na to pytanie, przypomnijmy kilka faktów z historii fotografii. Od samego początku jej twórcy i konstruktorzy dążyli do maksymalnego uproszczenia procesu fotografowania. Po negatywach szklanych najpierw pojawiły się filmy celuloidowe, co sprawiło, że aparaty mogły być mniejsze i lżejsze. Gdy powstały pierwsze lustrzanki, można było kontrolować obraz przez obiektyw, a nie przez układ celownikowy. Powstawały też różnego rodzaju tryby automatyczne, dzięki którym fotograf został odciążony od myślenia o aspektach technicznych podczas wyboru motywu, kadrowania. Oczywiście technika nie stoi w miejscu, lecz nieustannie zmierza naprzód. Komputery stają się coraz szybsze, a przecież współczesne aparaty cyfrowe to nic innego jak minikomputery z obiektywem. To procesor w aparacie (a czasem nawet dwa procesory) nadają tempo pracy fotografa. W tej chwili właściwie wszystkie funkcje w aparatach są już zautomatyzowane. Jest autofokus, pomiar ekspozycji, balans bieli. Bardzo często aparat rozpoznaje rodzaj obiektywu, jaki mam temat do fotografowania, rozpoznaje twarze, nawet uśmiech i zmrużone oczy, wie, w którym miejscu ustawić punkt ostrzenia. Wszystko po to, by robienie zdjęć stało się łatwe. Według wielu opinii tryb automatyczny służy amatorom, bo oni niewiele wiedzą o fotografowaniu. Ale ja sam, będąc zaawansowanym fotografem, decyduję się na korzystanie z funkcji automatycznych, bo one sprawiają, że w momencie fotografowania mogę skupić się jedynie na tym, by zdjęcie było jak najbardziej udane. Gdy przykładam aparat do oka i robię zdjęcie, nie chcę marnować czasu na zastanawianie się, czy wybrałem odpowiednią czułość, czas otwarcia migawki i przysłonę. Używam więc trybu automatycznego, by zminimalizować ryzyko otrzymania nieudanego zdjęcia. Automat, i to prawie każdy, jest zawsze szybszy od człowieka. Kiedyś na zautomatyzowane aparaciki mówiło się „idiotenkamera", bo nie zawsze sobie dobrze radziły w sytuacjach odbiegających od uśrednionej normy. Wtedy tryb automatyczny bardziej przeszkadzał, niż pomagał, ale tak było dawno temu, dziś nie można w ten stereotypowy sposób myśleć.

Do czego w takim razie potrzebny jest fotograf, skoro fotografuje za niego automat? Warto powrócić do definicji i zastanowić się, czym jest fotografia. Jeżeli wychodzimy z założenia, że fotografia jest sztuką patrzenia i rejestrowania obrazu za pomocą narzędzia, to fotograf odpowiedzialny jest za znalezienie tematu, za umiejętne kadrowanie, w końcu za wyzwolenie migawki. Czyli jest to ktoś, kto wie, w jakim momencie nacisnąć przycisk. To jest rolą fotografa, a nie zastanawianie się, jakiej ma użyć przysłony, choć są to ważne aspekty techniczne i każdy fotograf powinien wiedzieć, kiedy która z nich powinna być zastosowana.

Fotograf jest człowiekiem, który kontroluje pracę automatyki, i ja właśnie tak postępuję. Fotografując w trybie automatycznym, kątem oka obserwuję informacje, które wyświetlane są na matówce aparatu. Gdy robię zdjęcia, przykładam aparat do oka i wtedy automat proponuje mi jakieś rozwiązania ekspozycyjne. Sprawdzam, czy proponowane parametry są zadowalające, a jeśli tak jest, robię zdjęcie. Czasem aparat nie do końca odczytuje moje intencje, na przykład proponuje czas otwarcia migawki 1/125 s i przysłonę f/11, a ja wiem, że fotografuję obiektywem długoogniskowym i że 1/125 s jest czasem zbyt długim, bo zdjęcie będzie poruszone. Wtedy muszę tak zmienić parametry, by czas otwarcia migawki wyniósł 1/1000 s, a przysłona f/5,6. Robię to jednym ruchem palca, używając pokrętła w aparacie. Fotografowanie w trybie automatycznym skraca czas między dostrzeżeniem ciekawego motywu a ustawieniem parametrów. W tradycyjnych, manualnych warunkach wyglądałoby to mniej więcej tak: dostrzegamy interesujący motyw, przykładamy aparat do oka, mierzymy światło, ustawiamy pozostałe parametry i dopiero wtedy robimy zdjęcie. Często się zdarza, że gdy wszystko to zrobimy, obiekt zdąży uciec. Zwolennicy trybów manualnych mówią, że trzeba wszystkie parametry ustawić sobie wcześniej, potem chodzić i robić zdjęcia. Teoretycznie tak, ale jeśli jestem w mieście, jedna strona ulicy skąpana jest w ostrym słońcu, a po drugiej panuje cień, to warunki ekspozycji w tych dwóch miejscach są diametralnie różne. W warunkach szybko zmieniających się planów zdjęciowych i różnych motywów nie da się błyskawicznie korygować wszystkich ustawień, po prostu szkoda na to czasu. Wtedy automat niezwykle pomaga w uzyskaniu dobrych technicznie zdjęć.

Wydaje mi się, że błędem wielu młodych stażem fotografów jest wiara w to, że fotografując w trybie manualnym, zyskują możliwość samodzielnego podejmowania decyzji o parametrach zdjęcia czy kontrolowania głębi ostrości. A jedno drugiemu nie przeszkadza – aparat mierzy i ustawia pewne wartości, które mogę zaakceptować lub nie. Współczesne aparaty pomagają w tym fotografowi, bo przeprowadzają pomiary parametrów albo dobrze, albo bardzo dobrze i rzadko się mylą. Ich systemy pomiaru są bardzo zaawansowane. W niektórych sytuacjach (np. gdy jest mgła, kiedy fotografujemy pod światło albo z dużą przewagą określonych elementów) aparat ma prawo się pomylić. Jednak takie sytuacje da się przewidzieć i uwzględnić ich specyfikę w swoich planach. Jeśli wiemy, że w pewnych okolicznościach aparat może nas oszukać, lepiej założyć odpowiednią korektę ekspozycji, a jeżeli brakuje na to czasu, włączyć tryb autobracketingu. Wtedy aparat wykona trzy zdjęcia o różnych ustawieniach ekspozycji. Inni używają RAW-ów, licząc na to, że nawet jeśli pomylą się, ustawiając liczbę przysłony, to z surowego pliku wyciągną szczegóły, co nie do końca jest prawdą, ale o tym opowiem w innym miejscu.

Jeśli mamy do czynienia z aparatami SLT czy bezlusterkowcami (aparaty kompaktowe z możliwością wymiany obiektywów), które mają elektroniczne wizjery i podgląd bezpośrednio z matrycy, okazuje się, że przykładając oko do wizjera, widzimy taki sam obraz, jaki będzie zarejestrowany na matrycy. Jeśli obraz jest ciemny, to znaczy, że aparat pomylił się z ekspozycją i źle zmierzył światło. Gdy zaś stwierdzam, że powstaje obraz zbyt jasny, to wiem, że aparat zmierzył ekspozycję w miejscach zacienionych. Jeśli patrzę na ekran i widzę, że na zdjęciu przeważa barwa żółta lub niebieska, to oznacza, że aparat niezbyt dobrze poradził sobie z balansem bieli albo że jest ustawiony ręcznie na inną temperaturę barwową. W takim aparacie widzę to wszystko, zanim nacisnę migawkę. Fotografowanie takim aparatem zajmuje dużo mniej czasu niż klasyczną lustrzanką z ustawieniami manualnymi, o czym na łamach tej książki będę jeszcze wielokrotnie mówił.

Kolejna ważna kwestia to wybór ekspozycji podczas wykonywania zdjęć reportażowych czy podróżniczych. W warunkach szybko zmieniających się motywów warto mieć większą kontrolę nad wszystkimi parametrami. Do tego służą ustawienia półautomatyczne. Wybieram na przykład przysłonę f/2,8, a wtedy wszystkie pozostałe parametry techniczne aparat dobierze automatycznie. Gdy fotografuję bardzo długim obiektywem i nie chcę, żeby automat wariował, ustawiam bardzo krótki czas otwarcia migawki, pozwalając aparatowi dobrać pozostałe parametry.

JPG kontra RAW

Niezależnie od tego, czy korzystamy z ustawień automatycznych, czy wszystkie parametry ustawiamy ręcznie, zdjęcie trzeba zapisać, a do dyspozycji są dwie możliwości, JPG lub RAW, albo jeden i drugi format pliku jednocześnie. Dla niektórych zapisywanie zdjęć w RAW-ach to nie dylemat, lecz dogmat – są nawet firmy fotograficzne, które wręcz zalecają zapisywanie zdjęć w tym formacie, ponieważ gwarantuje on najwyższą jakość. Jakie jest moje podejście do tego zagadnienia? Najczęściej z wyboru fotografuję w JPG-ach, choć oczywiście również w RAW-ach – wszystko zależy od tego, czego potrzebuję w danym momencie. Warto się zastanowić, czy tak naprawdę jakość zdjęć zapisywanych w formacie JPG jest gorsza (choć nie musi być) od RAW-ów. Przeważnie okazuje się ona wystarczająco dobra, by wykonywać powiększenia o wielkości nadającej się do powieszenia zdjęć w galeriach, co często robię. A jeżeli coś jest dobre, nie powinniśmy na to narzekać. Oczywiście w pewnych sytuacjach JPG zupełnie się nie sprawdza. Ważna jest możliwość wyboru. Gdy robię zdjęcia i wiem, że będą one później poddawane interpolacji, powiększaniu, złożonej edycji, a przy tym zależy mi na absolutnie najwyższej jakości bez żadnych kompromisów, wybieram format RAW. Ale jeżeli wiem, że będę robił zdjęcia, które muszę zaraz wysłać albo natychmiast z nich korzystać, nie mając możliwości wywoływania RAW-ów, chciałbym je mieć do dyspozycji od razu, zapisuję je więc w JPG-ach.

Jak wspomniałem, często testuję aparaty, które są modelami przedprodukcyjnymi, a wtedy nie mam nawet możliwości robienia zdjęć w RAW-ach, ponieważ często nie mam odpowiednich programów do wywołania tych plików. To sytuacja, w której jestem postawiony pod ścianą, a zatem robię zdjęcia w JPG i jestem do tego przyzwyczajony. Takie fotografowanie ma swoje zalety, i to niemałe. Dla młodych fotografów i dla tych, którzy chcą podnosić swoje umiejętności, JPG jest doskonały pod względem utrzymania pewnej dyscypliny, ponieważ tak jak slajd błędów nie wybacza. W zdjęciach zapisanych w formacie JPG, a są to właściwie pliki finalne, niewiele można zmienić lub poprawić. Z plikiem RAW jest nieco inaczej – ponieważ taki plik wywołujemy w komputerze, możemy go modyfikować i coś w nim zmieniać. Często słyszę taką opinię: robię zdjęcia w RAW, bo jeżeli coś popsuję, to dzięki temu będę mógł błędy naprawić. Ale to zgubne myślenie – fotograf powinien tak pracować, by popełniać jak najmniej uchybień. Dlatego zawsze na różnego rodzaju warsztatach i kursach namawiam do tego, by ćwiczyć właśnie na plikach JPG. Dla mnie JPG to coś analogicznego do slajdu. Uczyłem się fotografować na slajdach, jeszcze na studiach wykładowcy namawiali nas, żebyśmy fotografowali na slajdach, żeby nauczyć się prawidłowej ekspozycji. W przeciwieństwie bowiem do negatywów slajd nie wybacza błędów ekspozycji. Pomyłki w ustawieniach przysłony, na które można było sobie pozwolić w wypadku negatywów, dało się skorygować; na slajdach jednak błąd choćby tylko o jedną wartość przysłony powodował, że zdjęcie do niczego się nie nadawało. Ta precyzja, dyscyplina w pracy na slajdach procentowała w przyszłości. Poza tym pojemność tonalna slajdów jest dużo mniejsza, musieliśmy więc bardzo się starać, tak wybierać tematy fotograficzne i ich oświetlenie, tak mierzyć kontrast, by wszystko, co sobie zaplanowaliśmy, było widoczne na slajdzie. Chociaż nauka trwała długo, odsetek nieudanych zdjęć na slajdach był na początku dość duży, w końcu się tego nauczyłem. Odpowiednikiem slajdu w fotografii cyfrowej jest JPG – to plik, który procesor aparatu wywołuje w czasie rzeczywistym już w aparacie, według stałego algorytmu z góry wpisanego w oprogramowanie aparatu. Dzięki temu mamy pewność, że wyniki zapisu JPG-ów będą powtarzalne. Wiemy też, ile tak naprawdę aparat może; ile da radę przenieść kontrastów, pojemności tonalnej; od którego momentu generuje duże zaszumienie, a kiedy mniejsze; jak ostre robi zdjęcia. Wszystkie te informacje są zapisane w pliku JPG i mogę zobaczyć to na ekranie aparatu. RAW wywołujemy w komputerze według własnych algorytmów, według własnego widzimisię.

Jeśli nauczymy się fotografować w JPG-ach i zyskamy bardzo dużą skuteczność fotografowania w tym trybie (wiele zdjęć zamieszczonych w tej książce zapisywałem w tym właśnie formacie), to wykonując zdjęcia w RAW-ach, możemy osiągać tylko lepsze efekty, nigdy nie będą one gorsze.

Zdjęcia trzeba zapisywać w najwyższej rozdzielczości, bez zbędnej kompresji. Jeśli mam w aparacie matrycę o rozdzielczości 24 megapikseli, to takie trzeba zdjęcia robić. Jeśli aparat ma zaprogramowane ustawienia fabryczne, nie należy ich zmieniać, podnosić kontrastu, wyostrzać czy zmieniać barw, bo wszystkie zmiany wprowadzają niepotrzebny zamęt. Strach przed JPG-ami to lekka przesada. Uważa się, że JPG jest słabej jakości, niedoskonały, a to stereotyp. Owszem, kiedyś rzeczywiście tak było. Obecnie jednak produkuje się aparaty generujące pliki JPG tak dobrej jakości, że sens zapisywania zdjęć w formacie RAW jest problematyczny. Wyobraźmy sobie, że jedziemy w podróż, robimy 500, 1000 czy 2000 zdjęć, a potem musimy je przejrzeć i wywołać. Gdybyśmy fotografowali niechlujnie, nie przykładali się do robienia zdjęć, to okazałoby się, że nie możemy tych RAW-ów wywołać hurtowo, lecz musimy edytować je indywidualnie. Bywa to niezwykle praco- i czasochłonne. Tymczasem zdjęcia zapisane w JPG mamy gotowe od ręki.

Warto więc się dobrze zastanowić, czy aby na pewno potrzebujemy RAW-ów. Bo jeśli zdjęcia prezentujemy w Internecie albo robimy niewielkie odbitki, to na dobrą sprawę nie ma sensu robić zdjęć z przesadnym naciskiem na jakość, skoro możemy uzyskać fotografie wystarczająco dobre do naszych celów. Drugie pytanie brzmi: „Czy zależy nam na czasie i na przyjemności cieszenia się fotografią, czy na ślęczeniu wieczorami przed monitorem komputera?". Oczywiście zawsze w grę wchodzi ewentualna późniejsza edycja zdjęć, ale – co zawsze podkreślam – wszystkie najważniejsze czynności fotograf powinien zrobić przed naciśnięciem spustu migawki.

Zagadnienia techniczne, ustawienia parametrów aparatu, wszystko, co wiąże się z technologią fotografii, jest niezwykle istotne. W końcu aparat musi pod moje dyktando zapisać to, co widzę, i to, co chcę zarejestrować. Jednak, zgodnie z moją filozofią, aparat to jedynie narzędzie w ręku fotografa, a zatem równie ważne jak zagadnienia technologiczne jest stosowanie się do elementarnych zasad fotografii. Być może brzmi to śmiesznie, ale używając aparatu jak narzędzia, trzeba umieć się nim posłużyć nie tylko zgodnie z jego technicznymi właściwościami. Trzeba znaleźć uniwersalny kod, język, którego można użyć niezależnie od tego, jakim aparatem dysponujemy. Na swój i czytelnika użytek ten kod nazwałem językiem obrazu.

Ciemnia cyfrowa. Czym jest?

Rozważania o wyższości RAW-ów nad JPG-ami nieuchronnie zdążają do tego, by powiedzieć kilka słów o czymś, co potocznie nazywamy cyfrową ciemnią – w analogii do staroświeckiej ciemni fotograficznej. Tak naprawdę jest ona stanowiskiem komputerowym wyposażonym w dobry monitor, oprogramowanie do edycji zdjęć i różne dodatkowe gadżety ułatwiające pracę fotografa. Ciemnia fotograficzna zaś to ciemne pomieszczenie oświetlone czerwoną żarówką, powiększalnik, trzy kuwety i suszarka (to były czasy!). Dziś niestety młodzi adepci fotografii nie bardzo wiedzą, jak to przez ponad 150 lat istnienia fotografii bywało. Niektórzy nazywali pracę w ciemni magią, ale nie ja. Nigdy nie lubiłem siedzieć godzinami w ciemni i nie tęsknię za tym. Miara nieprzespanych nocy i słonecznych dni, które podczas całego mojego życia spędziłem w ciemnej dziupli, zdecydowanie się przebrała. Z tego zresztą powodu na początku swej działalności zająłem się fotografowaniem na slajdach, a dziś jestem entuzjastą fotografii cyfrowej. Gwoli sprawiedliwości muszę jednak powiedzieć, że z tych czasów mam także fantastyczne wspomnienia wyłaniających się z wywoływacza zarysów obrazu, który niedawno sfotografowałem. Zamiana obrazu utajonego na rzeczywisty to była przyjemność, ale obrabianie materiałów ze studniówki i przygotowywanie kompletu zdjęć dla wszystkich już tak radosne nie było.

Chociaż ciemnię analogową od cyfrowej wiele różni, mają one również cechy wspólne. W ciemni analogowej podczas naświetlania papieru fotograficznego trzeba było stosować różnego rodzaju sztuczki: przesłanianie, doświetlanie, różne gradacje papieru, wymieniać można by długo. Ciemnia cyfrowa posługuje się podobnymi narzędziami, tyle że są to funkcje zawarte w programach graficznych. I tu mamy możliwość pracy na krzywych i na poziomach, cyfrowej korekty kontrastu, wyostrzania. W czasach fotografii analogowej można było oczywiście te (lub podobne) korekty także wykonywać, ale fotograf musiał z góry wiedzieć, czy będzie robił zdjęcia kontrastowe, czy nie, musiał dobrać odpowiedni film do motywu, który fotografował. Gdy robił reprodukcje, zakładał film kontrastowy, kiedy fotografował w ostrym słońcu, używał filmu mniej kontrastowego, który mógł zarejestrować więcej detali. Regulować te parametry można było przez użycie stosownego wywoływacza czy przez zmianę temperatury wywoływania. Sposobów było mnóstwo, a wszystkie składały się na warsztat fotografa.

Teraz robimy dokładnie to samo, nie zmieniając paczek papieru fotograficznego, nie szukając odpowiedniego filmu, po prostu gotowy plik RAW lub JPG po swojemu, w programie graficznym doprowadzamy do takiego stanu, w którym uzyskany efekt nas zadowala. Wszystko jest dużo łatwiejsze do kontrolowania niż kiedyś. Podobnie ma się sprawa z retuszem – w czasach analogowych obowiązywał miękki ołówek albo pędzelek i tusze: negatywy czy odbitki trzeba było plamkować. Dziś fotograf wykorzystuje do tego program graficzny.

Gdy ktoś mówi, że zdjęcie cyfrowe to takie, które powstaje na komputerze, to w pewnym sensie trzeba mu przyznać rację. Nie istnieje fotografia cyfrowa bez komputera – wszak już w aparacie znajdują się procesory, które umożliwiają zapis zdjęcia na matrycy światłoczułej, a potem w pamięci aparatu. Jeżeli pracujemy nad nim, chcemy je dopracować, musimy do tego użyć komputera – inaczej się nie da. Jednak wcale nie jest tak, że na komputerze da się ze zdjęciem wszystko zrobić. Podkreślę to jeszcze raz: komputer za mnie na zdjęcia nie jedzie, komputer za mnie zdjęcia nie zrobi, nie wybierze motywu, nie skadruje, nie dobierze odpowiedniego obiektywu, właściwej perspektywy patrzenia. To musi zrobić fotograf, to on powinien wiedzieć, kiedy nacisnąć przycisk migawki.

Ciemnia cyfrowa jest niezbędna do pracy fotografa, do tego, by zdjęcia doszlifować. Warto się jednak zastanowić, ile czasu zmierzamy na to poświęcić i jak głęboko te ingerencje mają sięgać. Jeśli prace te będą postępowały według tych samych zasad co w ciemni analogowej, to można powiedzieć, że fotografia cyfrowa jest taka sama jak fotografia analogowa, tyle że zapisywana na innym nośniku. Jeżeli zacznę jakąś skomplikowaną edycję na wyspecjalizowanych programach komputerowych, gdy z kilku zdjęć montuję jedno, zaczynam nakładać różnorodne filtry, wtedy fotografia wchodzi w zupełnie inny zakres estetyki, staje się raczej grafiką komputerową.

Nie chcę w żaden sposób określać, czy to jest dobre, czy nie. Dla mnie, jako fotografa, to kwestia wyboru. Czy chcę fotografować, czyli biegać z aparatem, szukać ciekawych motywów i dobrego światła, by zrobić jakieś fajne zdjęcie, czy też zamknięty w pokoju będę godzinami grzebał w ustawieniach programu graficznego i czarował rzeczywistość.

Jestem gorącym zwolennikiem tej pierwszej możliwości, a czarować chcę przed naciśnięciem spustu migawki.

By jednak móc pracować nad zdjęciami w cyfrowej ciemni, potrzebne są odpowiednie narzędzia. O niezbędnym dobrej jakości monitorze wspomnę jeszcze, gdy wrócę do kwestii zarządzania kolorem. Głównym narzędziem jest jednak program graficzny do edycji zdjęć. Dla moich potrzeb, zakładając, że fotografuję według zasad, które zadeklarowałem, nie jest potrzebne żadne wyrafinowane, drogie oprogramowanie. Jednak gdy do zagadnienia jakości koloru na zdjęciach mamy zamiar podchodzić profesjonalnie, to jedną z pierwszych czynności po zakupie nowego sprzętu stanie się jego kalibracja.

Zarządzanie barwą w procesie edycji zdjęć w cyfrowej ciemni

Zarządzanie barwą w systemach komputerowych to temat rzeka. Dotyka wielu dyscyplin naukowych. Nie jest moją intencją wnikanie w szczegóły i zawiłości związane z tą kwestią. Chciałbym w sposób przystępny wyjaśnić, jak postępować z kolorem w trakcie edycji zdjęć, jak ustrzec się przed błędami i stosować proste zasady zarządzania barwą, niezależnie od tego, czy jest się profesjonalistą, czy amatorem. Polecam przy okazji nowe, przystępne cenowo urządzenia do kalibracji, które pomogą nam zapanować nad kolorami.

Zagadnienia związane z reprodukcją barwną mogą być równie ekscytujące jak fotografowanie. Wszystkich zainteresowanych zagadnieniami specjalistycznymi z zakresu zarządzania barwą odsyłam do literatury fachowej. Tutaj skoncentruję się na zgodności reprodukcyjnej barw podczas rejestracji obrazu, późniejszej edycji oraz obrazowaniu na ekranie lub na papierze. Wszystko to dzieje się w cyfrowej ciemni fotograficznej.

W skład cyfrowej ciemni fotograficznej wchodzą różne urządzenia. Należą do nich przede wszystkim: aparat kompaktowy lub lustrzanka zapisujące zdjęcia w formacie JPG lub RAW, z profilem pracy RGB, sRGB lub Adobe RGB; laptop lub komputer stacjonarny; monitor graficzny LCD; projektor LCD lub telewizor podłączony do komputera i drukarka atramentowa lub ploter fotograficzny.

Ten zestaw urządzeń można traktować jako typowy zarówno w zastosowaniach amatorskich, jak i profesjonalnych. Nie wszystkie urządzenia z listy musimy posiadać. Częstą kombinacją jest aparat cyfrowy i laptop, ale zdecydowanie nie polecam korekcji kolorów na monitorach laptopów, nawet skalibrowanych. Dlaczego tak jest? Zdecydowana większość matryc monitorów w laptopach ma bardzo mały gamut. Innymi słowy lepiej nie robić czegoś, czego się tak naprawdę nie widzi. Myślę, że jest pewna grupa fotografów, którzy nie lubią komputerów. Odbitki wykonują w fotolabie, a w takim wypadku chyba nie ma po co kalibrować monitora.

Wraz z rozwojem fotografii cyfrowej nadeszły czasy, gdy ekrany zastępują albumy. Jest to wygodny i szybki sposób prezentacji. Jednak obraz przeniesiony na papier ma swój niezaprzeczalny urok i jakość, której często nie zobaczymy nawet na bardzo dobrym monitorze. Prezentacje multimedialne, przygotowanie wystaw fotograficznych, galerie zdjęć na stronach WWW, domowe spotkania ze znajomymi przy kawie i oglądaniu filmów oraz zdjęć z wakacji – to typowe przykłady działań związanych z edycją zdjęć cyfrowych. Co zrobić, aby te przekazy były spójne i atrakcyjne barwnie?

To proste: należy zadbać o to, by każde z urządzeń reprodukujących było prawidłowo skalibrowane. Dotyczy to wszystkich urządzeń, począwszy od aparatu cyfrowego, poprzez monitor, na drukarce kończąc. Wszystkie wspomniane urządzenia podłącza się bezpośrednio lub zdalnie do komputera, który razem z zainstalowanymi programami do edycji zdjęć stanowi centrum systemu zarządzania barwą.

Zarządzanie kolorem działa wtedy i tylko wtedy, gdy urządzenia z toru reprodukcji mają wykonaną kalibrację i profile ICC lub DNG. Profile to pliki zawierające charakterystykę barwną danego urządzenia. W naszym hipotetycznym zestawie urządzeń należałoby wykonać około pięciu profili. Czy jest to trudne i czasochłonne?

Utworzenie profilu aparatu cyfrowego trwa około minuty, czyli tyle, co wykonanie zdjęcia wzornika barwnego i przetworzenie tego zdjęcia przez program wykonujący profil aparatu. Profil powstaje automatycznie i zapisywany jest w komputerze. Jest to profil typu DNG. Aparat musi być ustawiony na tryb RAW. Gdy pracuje się ze zdjęciami w formacie RAW, ustawienia przestrzeni roboczej sRGB czy Adobe RGB nie mają żadnego znaczenia. Plik RAW jest bowiem pozbawiony jakiegokolwiek profilu barwnego. Z profilu aparatu korzystamy w programach do edycji zdjęć, nie jest on w żaden sposób wpisywany do samego aparatu.

Profilowanie monitora graficznego dowolnego typu trwa od kilku do kilkunastu minut, rzadko dłużej. Niektóre monitory da się skalibrować automatycznie, z reguły należą do nich droższe modele. Są też takie monitory, które ustawiamy ręcznie, ale pod kontrolą programu kalibrującego. Chodzi tu głównie o regulację jasności, kontrastu i temperatury barwowej monitora. Prostsze i tańsze monitory również nadają się do edycji zdjęć. Przygotowanie profilu drukarki

dla określonego papieru zajmie nam mniej więcej pół godziny.

Czego musimy się nauczyć, by prawidłowo skalibrować sprzęt? Po pierwsze przyda się umiejętność pracy z komputerem i instalowania programów oraz podstawowa znajomość języka angielskiego. W trakcie kalibracji wystarczy spokojnie czytać kolejne polecenia programu, a zakończy się ona sukcesem. Czy możemy sobie coś popsuć w komputerze, monitorze lub drukarce, wykonując kalibrację? Bez obaw! Nie ma takiej możliwości. Programy do kalibracji i kalibratory nie są destrukcyjne dla komputerów, monitorów, aparatów ani drukarek. To urządzenia i programy rejestrujące kolory i przetwarzające wyniki pomiarów na profile barwne ICC. Oczywiście należy uważać i zachować zdrowy rozsądek podczas kalibracji monitora LCD. Matryce LCD są dość wrażliwe na udary mechaniczne. Kalibratory do monitorów są tak zaprojektowane, by nie dopuścić do uszkodzenia monitora.

Kalibracja aparatu cyfrowego za pomocą X-Rite ColorChecker Passport.

Zacznę od łatwiejszego przykładu, który odnosi się tylko do aparatów z możliwością rejestracji zdjęć w formacie RAW, czyli wszystkich profesjonalnych i amatorskich lustrzanek cyfrowych, ale także niektórych aparatów kompaktowych. X-Rite ColorChecker Passport to kompletny system do kontroli oraz edycji barw – od ekspozycji do kreacji barwnej obrazu. W skład zestawu wchodzą trzy wzorniki fotograficzne w jednym wygodnym, kieszonkowym i praktycznym etui, a ponadto oprogramowanie do kalibracji aparatu. ColorChecker wykorzystamy w programach Adobe Lightroom, Adobe Camera Raw, Photoshop, Photoshop Elements, Bridge.

Jak to działa? Klasyczny 24-polowy test fotograficzny ColorChecker służy do wykonania profilu aparatu. Profil powstaje po automatycznej analizie kadru zdjęcia zawierającego wspomniany test. Warunkiem jest tylko to, aby test zajmował nie mniej niż 10% powierzchni kadru. Program ColorChecker Passport jest niezależną aplikacją i podczas instalacji dołącza wtyczkę do programu Adobe Lightroom, dzięki czemu profil aparatu wykonamy także bezpośrednio w Lightroomie. Aplikacje Adobe Lightroom i Adobe Camera Raw Photoshopa są kompatybilne i zsynchronizowane wewnętrznie. A zatem profil aparatu zrobiony w Lightroomie będzie widoczny w Adobe Camera Raw. Działanie profilu aparatu jest natychmiastowe i pozytywnie zaskakujące. Sposób wyboru profilu jest równie prosty. Na przykładzie programu Lightroom: wybieramy zakładkę Develop, potem funkcję Camera Calibration. Nasz własny, wykonany wcześniej profil aparatu pojawi się na liście profili aparatów – wystarczy tylko na niego kliknąć. Zdjęcie zostanie błyskawicznie skorygowane barwnie tak, że otrzymamy możliwie wierną reprodukcję oryginału. Bardzo wyraźnie widać działanie profilu aparatu podczas przeglądania zdjęć zawierających barwne wzorniki ColorCheckera. Wykonanie ręcznie takich globalnych korekcji barw w obrazie jest praktycznie niemożliwe.

Drugi test barwny służy do błyskawicznej korekty odcieni barw skóry na zdjęciach portretowych oraz ocieplenia lub ochłodzenia zdjęć krajobrazowych. Ma także pola do oceny prawidłowości parametrów ekspozycji i subiektywnej oceny nasycenia kolorów. Elementy testu dobrane są tak, że jednym lub dwoma kliknięciami myszki uzyskamy naturalny odcień skóry portretowanej osoby lub atrakcyjny barwnie krajobraz.

Trzecim elementem ColorCheckera jest wzornik balansu bieli o bardzo profesjonalnych parametrach i idealnie płaskiej charakterystyce spektralnej remisji światła. Dzięki szarej karcie wzorcowej można precyzyjnie wyznaczyć temperaturę barwową światła padającego na fotografowaną scenę i skorzystać z tego w procesie edycji obrazu. Jedno kliknięcie myszką na próbnik i mamy ustawioną temperaturę barwową w zdjęciu. Większość profesjonalnych aparatów ma możliwość wyznaczenia i zapisania balansu bieli w samym aparacie. Można tu także wykorzystać szarą kartę ColorCheckera. Chyba jednak o wiele wygodniej i szybciej jest wykonać próbne zdjęcie z szarą kartą ColorCheckera, by ostateczną korekcję balansu bieli wykonać podczas edycji w programie graficznym. Kalibrację tę możemy bez trudu przenieść na kolejne zdjęcia, pod warunkiem że wykonywane były w zbliżonych warunkach. Jest to powszechnie stosowana technika edycji zdjęć. Sprawdza się nie tylko w warunkach studyjnych, lecz i w plenerze. Nic nie stoi na przeszkodzie, aby często próbkować światło, fotografując szarą kartę ColorChecker Passport. Balans bieli jest niezwykle ważny w fotografii barwnej. Wielokrotnie sprawdzałem, z jakim błędem profesjonalne lustrzanki wyznaczają temperaturę barwową światła na zdjęciu. To prawdziwa loteria, a uzyskane wyniki mają rozkład losowy. Raz jest dobrze, a innym razem bardzo, ale to bardzo źle. Różnica między pomiarem z ColorCheckera a wynikami z aparatu bardzo często przekraczała wartość 500 K. To zbyt dużo jak na profesjonalną fotografię barwną. Dlatego korzystanie ze wzornika balansu bieli ColorCheckera powinno wejść nam w nawyk. W programie ColorChecker można utworzyć profile dualne, czyli takie, które zawierają dwa iluminanty dominujące. Aby to zrobić, należy wykonać jedno zdjęcie wzornika ColorChecker w świetle naturalnym, a drugie w świetle lampy błyskowej. Zdjęcia te importujemy do aplikacji ColorChecker Passport, która wykonuje jeden profil z dwoma różnymi iluminantami. W tym wypadku D50 i D55. Oprogramowanie ColorChecker Passport umożliwia analizę i wprowadzenie do profili aparatów 22 różnych iluminantów. Program sam automatycznie decyduje, który z nich jest właściwy dla danego zdjęcia. Zwróćmy uwagę na jeszcze jedno zagadnienie dotyczące profili uzyskanych za pomocą ColorCheckera. Nie są to klasyczne profile ICC tylko DNG, ale działają podobnie jak profile ICC. Chciałbym zachęcić wszystkich do zaopatrzenia się w ColorChecker Passport. Warto mieć go zawsze pod ręką, gotowy do wykorzystania.

Cyfrowe aparaty kompaktowe są przykładem bardzo rozbudowanych, a zarazem zminiaturyzowanych automatów rejestrujących obrazy. Najczęściej ustawiane są tak, że same decydują, jak dobrać parametry ekspozycji i balansu bieli. Tu także obserwujemy powstawanie znacznych błędów w wyznaczaniu balansu bieli, najważniejszego parametru mającego bezpośredni wpływ na jakość reprodukcji kolorów, dlatego ColorChecker bardzo się przydaje. Karta szarości, a także wzorce barwne będą bardzo pomocne w korekcji barwnej zdjęć JPG opartej głównie na doświadczeniu fotografa i jakości monitora. Niestety za pomocą wzorników ColorChecker Passport nie da się wykonać profilu aparatu kompaktowego, zapisującego zdjęcia w formacie JPG lub TIF. Nie jest to wprawdzie całkowicie niewykonalne, lecz twórcy nowych systemów zarządzania kolorem wyszli z założenia, że w odniesieniu do tego sposobu zapisu i rejestracji zdjęć nie ma to po prostu sensu. Są oczywiście klasyczne metody wykonywania profili ICC aparatu niezależnie od formatu zapisanego obrazu. W wypadku aparatów kompaktowych, przeznaczonych głównie na rynek masowy, wykonywanie profili rzeczywiście trudno uzasadnić. Decydując się na format JPG czy TIF, trzeba pamiętać, że w razie popełnienia błędu ekspozycji nie mamy praktycznie żadnej możliwości uratowania zdjęcia. Jeśli chodzi o korekcję barwną zdjęć w formatach JPG i TIF, cały ciężar odpowiedzialności za korekcję koloru spada na monitor i operatora. W tym wypadku nie można skorzystać z dobrodziejstw automatycznej korekcji profilem aparatu.

W procesie edycji zdjęć monitor odgrywa niezwykle ważną rolę, dlatego musi on być optymalnie przygotowany do pracy. Aby utrzymać stałą jakość obrazowania, należy go regularnie kalibrować, najlepiej raz na miesiąc. Zapewni to nam długoterminową stabilność reprodukcji barw. Zadbajmy o właściwe otoczenie dla monitora – pomieszczenie, w którym pracujemy, powinno być neutralne barwnie, zbyt jaskrawe kolory ścian czy przedmiotów znajdujących się w otoczeniu mogą niepostrzeżenie, ale skutecznie zakłócić proces korekcji barw. Im więcej światła w pomieszczeniu, tym jaśniejszy musi być monitor. To z kolei prowadzi do problemów ze wzrokiem.

W cyfrowej ciemni fotograficznej powinien panować delikatny półmrok. Musi być jasno, ale nie za bardzo. Światło sztuczne w pomieszczeniu powinno być oddalone od monitora i znajdować się poza zasięgiem ekranu. Typowe wartości jasności monitorów graficznych zawierają się w przedziale 80–120 cd/m^2. Jeszcze jedna bardzo ważna kwestia dotyczy światła. Do subiektywnej oceny zgodności reprodukcji monitor–drukarka powinno stosować się specjalne komory ze światłem sztucznym znormalizowanym D50. Dopiero wtedy możemy liczyć na sukces w obserwowaniu zgodności reprodukcji z obrazem na monitorze. W ocenie druku można także posługiwać się światłem naturalnym, ale ono bywa bardzo niestabilne. W ciągu dnia temperatura barwowa potrafi się zmieniać w szerokim zakresie od kilku do kilkunastu tysięcy kelwinów. Amatorsko można i warto eksperymentować ze światłem naturalnym, bo to darmowe źródło światła o bardzo dobrej charakterystyce widmowej. Profesjonaliści pracują raczej z komorami ze specjalnym światłem sztucznym.

Obecnie produkowane monitory możemy podzielić na dwie zasadnicze grupy: monitory o gamucie sRGB lub Adobe RGB (szerokogamutowe). Praktyka pokazuje, że profesjonaliści kupują monitory z gamutem Adobe RGB, amatorzy zaś różne: albo sRGB, albo Adobe RGB. Nie będę nadużywać określenia „monitory szerokogamutowe", bo tak naprawdę nie zdefiniowano dokładnie, czym jest szeroki gamut.

Dla mnie szeroki gamut zaczyna się chyba dopiero od przestrzeni profilu ProPhoto RGB. Ale to tylko moja opinia. Jakie konsekwencje dla korekcji obrazu niesie zastosowanie monitora o gamucie Adobe RGB lub sRGB? Na monitorze Adobe RGB widzimy intensywniejsze barwy, które w pierwszej chwili, w porównaniu do tego, co wyświetla przeciętny monitor sRGB, są może przesycone. Zaskoczenie trwa jednak krótko. Nasze przyzwyczajenie do przeciętności, którą serwuje nam model sRGB, jest dość mocno zakorzenione, ale na szczęście łatwo się z niego wyzwolić. Szybko przyzwyczaimy się do lepszych kolorów. Przeciętność modelu sRGB jest w pewnym sensie założeniem tej przestrzeni barwnej, jako że w niej wszelkie monitory, drukarki i aparaty kompaktowe doskonale zgrają się kolorystycznie, bo reprodukują bez żadnej kalibracji ten wąski zakres barw. Na masowym rynku fotograficznym to założenie sprawdza się, bo tu chyba nikt nie myśli o zarządzaniu kolorem, chyba że różnice między monitorem a wydrukiem są tak drastyczne, że nie można tego zaakceptować. Nie znaczy to wcale, że przestrzeń sRGB jest jakimś mało profesjonalnym złem. Jest ona po prostu mniejsza i koniec. Jeżeli jesteśmy posiadaczami takiego właśnie monitora, to koniecznie w ustawieniach Photoshopa musimy ustawić przestrzeń roboczą sRGB. Czyli w zakładce Color Settings – Working Space – musi pojawić się sRGB. Analogicznie gdy pracujemy na monitorze Adobe RGB – w przestrzeni roboczej Photoshopa ustawimy Adobe RGB (1998). W programie Lightroom nie ma takich ustawień, ale wiadomo, że wewnątrz tej aplikacji jako profil pracy ustawiono profil ProPhoto RGB.

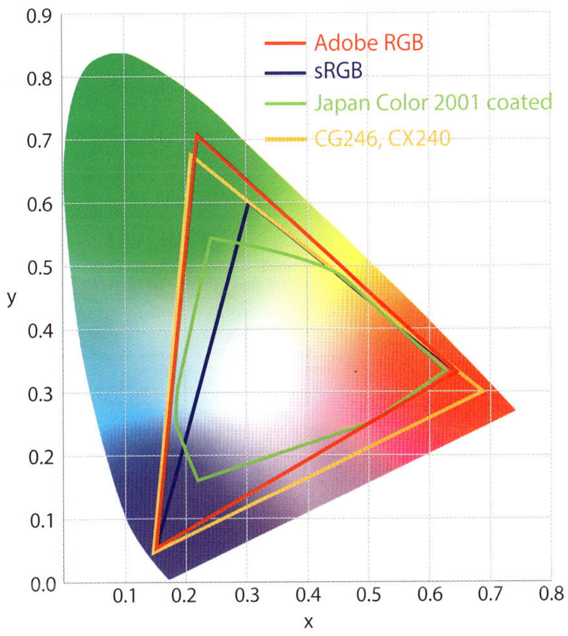

Prawidłowo skalibrowany monitor ma bardzo duże znaczenie dla osób, które fotografię traktują jako bazę lub część składową własnych projektów artystycznych z kreacją koloru włącznie. Takie projekty realizowane na skalibrowanym monitorze będą bardzo przewidywalne i spójne z założeniami w dalszych procesach reprodukcji czy to fotograficznej na papierze, czy w druku wielkoformatowym lub innych technikach poligraficznych. Przy projektowaniu palet kolorów bardzo przyda się ColorMunki Photo, ale także i1Pro 2. Są to spektrofotometry, które potrafią zarejestrować, czyli zmierzyć, dany kolor i zapisać go w pamięci komputera. Warto wspomnieć, że kupując jedno z urządzeń X-Rite i1DisplayPro, i1Pro 2 lub ColorMunki Photo, otrzymujemy oprogramowanie Pantone Color Manager, które zawiera zawsze aktualne elektroniczne biblioteki kolorów Pantone. Kolory te są standardem w komunikacji barwnej w różnych gałęziach przemysłu oraz działalności artystycznej i projektowaniu.

Jakie cechy należy uwzględnić, rozważając zakup monitora do edycji i oglądania zdjęć?

Po pierwsze weźmy pod uwagę rodzaj matrycy. Monitory o wartości kilkuset złotych to najczęściej modele z najgorszą z punktu widzenia technologii matrycą TN (*Twisted Nematic*). To matryce charakteryzujące się złym odwzorowaniem kolorów w szerokich zakresach kątów widzenia i niestabilne. Monitor do zastosowań w fotografii bezwzględnie powinien być wyposażony w matrycę typu IPS (*In-Plane Switching*) lub VA (*Vertical Alignment*, w tym PVA – *Patterned Vertical Alignment* – oraz MVA – *Multi-Domain Vertical Alignment*).

Po drugie poznajmy wyświetlany zakres barw. Zakres tonalny w monitorach do prac z fotografią i grafiką musi być jak największy. W monitorach EIZO pokrywa on do 98% przestrzeni Adobe RGB. Możliwe jest więc wyświetlenie zdecydowanej większości barw rejestrowanych przez nowoczesne aparaty cyfrowe wykorzystujące właśnie przestrzeń Adobe RGB. Monitory wyposażone w matryce TN pracują najczęściej tylko w przestrzeni sRGB lub nawet węższej.

Po trzecie uwzględnijmy równomierność podświetlania matrycy i jednolitość wyświetlanych kolorów. Większość monitorów LCD, zwłaszcza modeli o dużej powierzchni roboczej ekranu, charakteryzuje się nierównomiernym podświetleniem matrycy. Jedną z przyczyn tego stanu jest konstrukcja podświetlenia – świetlówki lub diody LED znajdują się najczęściej na krawędziach matrycy, a emitowane przez nie światło rozprowadzane jest z użyciem dyfuzora. Uzyskanie równomiernego podświetlenia i koloru na całej powierzchni matrycy nadal stanowi problem w większości dostępnych na rynku modeli. W monitorach EIZO udało się ograniczyć jego występowanie do minimum. Podczas wyświetlania obrazu specjalny układ sterujący ASIC (*Application Specific Integrated Circuit*) korzysta z tych informacji, by na bieżąco wprowadzać poprawki do sygnału wyświetlanego na monitorze. Dzięki odpowiedniemu sterowaniu kryształami w poszczególnych pikselach matrycy możliwe jest uzyskanie wysokiej jednorodności podświetlenia i jednolitego odcienia koloru na całej powierzchni panelu.

W modelach FlexScan serii SX i graficznych CG, CX oprócz bieżącej kontroli jasności dodatkowy czujnik mierzy również poziom temperatury otoczenia, automatycznie sterując matrycą tak, by uzyskać stały i niezmienny w czasie poziom jasności oraz odcieni kolorów.

Po czwarte sprawdźmy, czy upatrzony monitor umożliwia uzyskanie optymalnej jasności. Często spotykaną wadą monitorów LCD jest niestabilność poziomu jasności w dłuższym czasie. Spowodowane jest to stopniowym rozgrzewaniem się świetlówek od momentu ich włączenia. W monitorach EIZO w tylnej części matrycy wbudowany jest specjalny czujnik siły podświetlenia, a współpracująca z nim elektronika sterująca na bieżąco reguluje moc świetlówek tak, by ustabilizować jasność panelu w jak najkrótszym czasie od włączenia monitora lub wyjścia ze stanu czuwania. W dłuższym okresie funkcja stabilizacji jasności w monitorach EIZO koryguje również utratę jasności, spowodowaną stopniową degradacją świetlówek. Drugim bardzo przydatnym narzędziem jest Auto EcoView. Funkcja ta, wykorzystując czujnik optyczny umieszczony na przedniej ściance, mierzy na bieżąco poziom oświetlenia zewnętrznego, a współpracująca z nim elektronika tak steruje jasnością monitora, by obraz nigdy nie był zbyt jasny ani zbyt ciemny. Dzięki temu zmniejsza się zmęczenie wzroku, poprawia ergonomia pracy, a jednocześnie możliwe jest zmniejszenie zużycia energii.

Większość tego typu rozwiązań korzysta z jednego punktu odniesienia. EIZO Auto EcoView wykorzystuje dwa punkty referencyjne – dla silnie i słabo oświetlonych pomieszczeń. Dzięki temu elektronika monitora może idealnie dostosować poziom jasności zarówno w jasnych, jak i ciemnych pomieszczeniach. Funkcję tę można wyłączyć, korzystając z menu OSD monitora.

Po piąte wybierzmy monitor, który da się wykalibrować. Świetną propozycją w przypadku zastosowań amatorskich i półprofesjonalnych jest autorskie rozwiązanie EIZO EasyPIX. Najnowsza wersja zestawu EasyPIX umożliwia kalibrację sprzętową wybranych modeli z serii EIZO FlexScan i Foris. EasyPIX w wersji 2 oferuje między innymi tryb dopasowywania odcienia i jasności monitora do wykorzystywanego papieru fotograficznego na podstawie percepcji wizualnej, tryb fotograficzny oraz sieciowy, umożliwiający sprawdzenie, w jaki sposób zdjęcia będą wyświetlane w większości przeglądarek. W razie pracy z najbardziej zaawansowanymi monitorami EIZO z serii CG monitor kalibrujemy dołączonym oprogramowaniem ColorNavigator.

Jaki więc wybrać monitor do edycji zdjęć? Niezależnie od wyboru marki trzeba pamiętać, że monitor ma wiernie odzwierciedlać obraz, a nie wyświetlać rzekomo ładne, choć przekłamane kolory. Nigdy nie należy ustawiać na monitorze stuprocentowej jasności. Jeśli jest taka możliwość, powinno się go podpinać do cyfrowego źródła sygnału, kablem cyfrowym (DVI, HDMI, DisplayPort). W przeciwnym razie obraz może być nieostry. Pamiętajmy też, że nie da się wykalibrować monitora na oko.

Na zakończenie warto wspomnieć, że podobnie jak monitory popularne kalibrujemy ekrany podłączone do komputera, projektory LCD czy telewizory. Stosując takie same parametry pracy jak w wypadku monitorów, należy skalibrować te urządzenia tak, by uniknąć niespodzianek podczas prezentacji zdjęć czy filmów na dużym ekranie.

Z punktu widzenia użytkownika najprościej kalibruje się profesjonalne monitory graficzne, bo ich kalibracja jest całkowicie automatyczna. Kalibracja sprzętowa różni się od kalibracji programowej głównie tym, że w procesie uczestniczy wewnętrzna elektronika monitora, jego karta graficzna, nie są zmieniane ustawienia karty graficznej komputera. Innymi słowy kalibracja wpisywana jest do samego monitora, a nie do komputera.

Do sprzętowej kalibracji monitora potrzebne jest jedno z urządzeń: i1DisplayPro, ColorMunki Photo lub i1Pro 2. Używając tych kalibratorów, przeprowadza się jakościowo taką samą, profesjonalną kalibrację monitora, na przykład klasy EIZO ColorEdge, a kontrola jakości monitora trwa kilka lub kilkanaście minut.

Kalibrując monitory popularne, podstawowe graficzne, projektory i telewizory podłączone do komputera, musimy wykonać parę prostych czynności manualnych. Trwa to kilka lub kilkanaście minut dłużej, ale – co najważniejsze – umożliwia uzyskanie porównywalnych do kalibracji sprzętowej wyników. Oprócz wymienionych wcześniej urządzeń kalibrujących możemy zastosować ColorMunki Display. To odmiana kalibratora i1DisplayPro o obniżonej funkcjonalności, pozbawiona programu do kontroli jakości oraz wolniej działająca. Kalibracja programowa z reguły polega na ręcznym nastawieniu jasności, kontrastu i temperatury barwowej monitora. Zadaniem fotografa jest ustawienie po kolei parametrów podstawowych za pomocą menu OSD monitora tak, aby uzyskać żądane parametry pracy. Firma X-Rite wprowadziła ostatnio nową technologię ADC, która umożliwia wykonanie pełnej lub częściowo automatycznej kalibracji monitorów. Technologię tę zastosowano w ColorMunki, i1DisplayPro oraz i1Pro 2. W trakcie kalibracji program rozpoznaje, czy dany monitor można skalibrować automatycznie. Odpowiada za to wspomniana funkcja ADC (*Automatic Display Control*). Przykładowo wszystkie nowe monitory w komputerach Apple iMac, MacBook Pro mają możliwość kalibracji automatycznej za pomocą funkcji ADC. W funkcję tę wyposaża się coraz więcej monitorów popularnych, więc ich kalibracja może być automatyczna podobnie jak w wypadku profesjonalnych monitorów graficznych. Tak czy inaczej czynności wykonywane podczas kalibracji programowej nawet dla średnio zaawansowanego użytkownika komputera są dziecinnie proste i trwają dosłownie kilka minut. Na koniec kalibracji program automatycznie generuje profil ICC monitora i zapisuje go w pamięci komputera.

Na końcu łańcucha reprodukcyjnego zwykle znajduje się atramentowa drukarka fotograficzna. Mniej lub bardziej profesjonalna, ale własna. Takie są oczekiwania i potrzeby sporej grupy fotografów amatorów i profesjonalistów. Nie wszyscy mają jednak cierpliwość i pieniądze do obsługi drukarki atramentowej. W takim wypadku można skorzystać z punktu usługowego. Wyspecjalizowane punkty mają z reguły bardzo dobry sprzęt drukujący, wykonują też profile poszczególnych rodzajów papieru i udostępniają je klientom. Korzystając z Photoshopa, możemy sprawdzić, jak nasze zdjęcie zostanie wydrukowane na konkretnym papierze, symulując to przez wybranie profilu papieru, który otrzymaliśmy od fotolaboratorium. Czynimy to w zakładce Photoshopa View – Proof Setup – Custom – Profil. Jeżeli porównanie wypada pomyślnie, nawiązujemy współpracę. Tak też można działać. Pamiętajmy jednak, że ta subiektywna ocena wymaga doświadczenia i bardzo dobrego światła do oświetlenia wydrukowanego zdjęcia. Powinna to być komora D50 z taką regulacją natężenia światła, która umożliwi dopasowanie się do jasności monitora.

Jeżeli drukarka stanie już na naszym biurku, często zdarza się, że wydruki nie spełniają naszych oczekiwań. Z reguły są zbyt ciemne, kolory niby dobre, ale nie do końca zgodne z tym, co widzimy na monitorze. W oprogramowaniu drukarki jest dużo funkcji i gdy tylko ich użyjemy, potęgują błędy druku. Producenci sprzętu mają własny asortyment papierów i tu problemu w zasadzie nie powinno być. Ale nawet jeżeli wszystko ustawimy tak jak w instrukcji obsługi papieru, często nie uzyskujemy zadowalającego efektu. Próbujemy coś pozmieniać w sterowniku, a kolejne próby nie przynoszą oczekiwanych rezultatów. Ogólnie trudno się w tym wszystkim połapać, a atrament i papier kosztują. Taki czarny scenariusz jest typowy po zakupie drukarki fotograficznej. Nasze oczekiwania zderzają się z trudną rzeczywistością reprodukcji koloru. Nie chciałbym w ten sposób odstraszać od posiadania drukarki, pokazuję jedynie, jak jest w większości przypadków, ponieważ znam bardzo wielu ludzi, którzy znaleźli się właśnie w takiej sytuacji. Aby pozbyć się tych problemów, drukarkę należy skalibrować, nawet jeśli stosujemy papier zgodny z zaleceniami producenta. Wykonanie kalibracji prowadzi do ograniczenia zużycia tuszów i zwiększenia zgodności reprodukcyjnej. Jeżeli mamy możliwość kalibracji drukarki, stoi przed nami otworem bardzo szeroki rynek popularnych i specjalistycznych papierów fotograficznych. Należałoby wspomnieć, że w świecie urządzeń drukujących nie ma ideałów. Są lepsze i gorsze drukarki fotograficzne. Z reguły obowiązuje zasada, że im wyższa cena, tym większa wartość drukarki i tym lepsze są jej właściwości reprodukcyjne. Profilowane i kalibracja nie pomogą każdej drukarce i każdemu papierowi. Moim zdaniem amatorzy i profesjonaliści poszukujący sprzętu średniej i wysokiej klasy powinni wybierać drukarki atramentowe o szerokim zakresie reprodukcji barw, oparte na technologii druku pigmentowego. Wtedy problemu z profilowaniem na pewno nie będzie. Technologię tę stosują obecnie firmy Canon i Epson.

Kalibracja i profilowanie drukarki fotograficznej przy użyciu ColorMunki Photo to prosty proces polegający na wydrukowaniu dwóch kartek papieru formatu A4 i zmierzeniu w sumie 100 pól kolorowego wzornika. W ten sposób powstaje profil ICC, który opisuje drukarkę i dany papier. Pamiętajmy, że dla wszystkich drukarek i ploterów fotograficznych wykonujemy profile klasy RGB. Dlaczego RGB, skoro na wyjściu drukarki są widoczne kanały z przestrzeni CMYK? To sterowniki drukarek fotograficznych przekształcają pliki z przestrzeni RGB w przestrzeń CMYK i takie zdjęcia otrzymujemy z drukarki.

Gdyby nie konieczność odczekania 10 minut po wydrukowaniu każdej strony wzornika, samo zmierzenie i kalkulacja profilu trwało by kilka minut. Profil ten zapisywany jest w systemie operacyjnym komputera i można z niego skorzystać w programach takich jak Adobe Photoshop czy Lightroom. Wykorzystując system zarządzania koloru w tych aplikacjach, możemy wydrukować zdjęcia, korzystając z utworzonego profilu własnego i wskazując go w oknie drukowania Photoshopa. To proste. Warto pamiętać, że niezależnie od tego, z jakiego programu drukujemy, podczas druku wzornika, a później zdjęć, w opcjach drukarki powinno się wyłączyć funkcję zarządzania kolorem w drukarce. Jeżeli pracujemy w systemie Mac OsX Lion i Mountain Lion, dzieje się to właściwie automatycznie, ale przed wysłaniem obrazu do drukarki warto sprawdzić, jak ta funkcja jest ustawiona. Ustawienia papieru i jakości druku należy zapisać w oprogramowaniu drukarki tak, aby potem w trakcie druku nie popełnić błędu i wybierać zapisane uprzednio ustawienie dla danego rodzaju papieru. Ta uwaga odnosi się zarówno do ColorMunki Photo, jak i i1Pro 2 Photo. Drukując zdjęcia bezpośrednio z Photoshopa, w oknie druku wybieramy opcję „Photoshop zarządza kolorem" i wstawiamy właściwy profil papieru w zakładce „Profil drukarki".

Zestawy i1Pro 2 przeznaczone są dla profesjonalistów o najwyższych wymaganiach. W skład zestawu wchodzi nowy spektrofotometr i1Pro 2, który dokonuje pomiarów nie tylko w trybie standardowym, tak jak jego poprzednik i1Pro, ale i w trybie z filtrem UV. Dzięki temu możemy zrobić profile papierów zawierających duże ilości wybielaczy optycznych. System ten przejawia wiele innych zalet. Myślę, że specjaliści docenią jego nowatorskie zmiany konstrukcyjne i wykonają szybko upgrade ze starego do nowego urządzenia i oprogramowania. Natomiast amatorów i profesjonalistów fotografii chcę zapewnić, że opisany wcześniej prosty system ColorMunki potrafi wykonać równie dobre profile jak i1Pro 2. Nic w tym dziwnego, bo obydwa urządzenia i ich programy korzystają z tej samej technologii. ColorMunki jest prosty we wszystkim i dlatego stanowi bardzo skuteczny system do zarządzania barwą i komunikacji z wykorzystaniem koloru.

Sposób wykonania profilu drukarki za pomocą i1Pro 2 jest analogiczny jak w ColorMunki. Oczywiście wyposażono go w zdecydowanie więcej funkcji i rozbudowane menu, a dane pomiarowe można także przesyłać z innych urządzeń pomiarowych, wykorzystując darmowy program X-Rite ColorPort.

To wszystko brzmi bardzo poważnie i pozornie wydaje się skomplikowane. Pewne osoby może paraliżować strach przed próbą zrozumienia mnogości fachowych określeń. Nie należy się tym przejmować. Należy przede wszystkim fotografować i bawić się fotografią. Im dalej w las będziecie brnąć, tym bardziej pewne aspekty techniczne będą Was wciągać w swój wir i staną się oczywiste oraz zrozumiale. Nie bójcie się popełniać błędów. Na początku korzystajcie z profesjonalnych punktów, gdzie można drukować zdjęcia. Tam pod okiem fachowców zawsze poszerzycie swoją wiedzę, niwelując własne pomyłki. Cierpliwie i metodycznie dojdziecie do celu.

Wyposażenie podróżującego fotografa

Doszedłem kiedyś do wniosku, że to głowa robi zdjęcia, a nie aparat. Z czasem stało się to moim mottem – od lat z uporem hołduję tej właśnie zasadzie. Oczywiście aparat w warsztacie fotografa jest niezbędny, podobnie zresztą jak kilka innych elementów wyposażenia.

Jak powinien być wyposażony fotograf, który jest w ciągłych podróżach, który fotografuje tak, jak to opisałem na kartach tej książki?

Po pierwsze aparat musi być przede wszystkim niezawodny, taki, na którym mogę zawsze polegać. Zabierając go ze sobą, muszę mieć pewność, że będzie prawidłowo działał niezależnie od tego, czy wokół panować będą ekstremalne mrozy, wysoka temperatura czy duża wilgotność albo inne niesprzyjające warunki. Nie wyobrażam sobie sytuacji, w której jadę w jakieś egzotyczne miejsce specjalnie po to, by robić zdjęcia, a nagle okazuje się, że cały wyjazd poszedł na marne, bo aparat zawiódł.

Po drugie aparat musi być mocny, a jego konstrukcja wytrzymała. Podróżując, na ogół nie przebywam w komfortowych warunkach. Nie mogę sobie pozwolić na to, by aparat przechowywany był zgodnie ze wszystkimi zasadami. Bardzo często się zdarza, że wisi on na mojej szyi, podczas gdy ja wychylam się przez okno pociągu albo jadę na pace ciężarówki i fotografuję. Bywa i tak, że aparat wyślizgnie się z ręki i upadnie. Może upaść na ziemię czy do wody, ale po wysuszeniu musi dalej działać. Nie są to przykłady wyssane z palca, lecz sytuacje, które naprawdę przydarzyły mi się podczas fotograficznych podróży.

Aparat musi być mały i lekki, ale powinien na wiele pozwalać. Preferuję tego typu sprzęt, bo mam go zawsze przy sobie, dlatego im jest mniejszy, tym lepiej. Nie wyobrażam sobie sytuacji, kiedy wyruszam w jakąkolwiek podróż i nie mam ze sobą aparatu. A jeżeli musiałbym ciężki i duży aparat zapakować do plecaka, to nie wyobrażam sobie wygodnej podróży i fotografowania z takim obciążeniem. Dlatego lubię aparaty wygodne i niewielkie, idealne dla mnie są bezlusterkowce i małe lustrzanki.

Co to znaczy, że aparat ma na wiele pozwalać? Musi nadawać się do robienia panoram z ręki, powinien być wyposażony w stabilizację obrazu, tak by dało się fotografować w kiepskich warunkach oświetleniowych albo przy długich czasach otwarcia migawki. Przydałoby się, by robił HDR-y i zapisywał dobre JPG-i, bo nie zawsze w czasie podróży mogę wywoływać RAW-y. Laptop na pustyni to nie najlepsze rozwiązanie do wywołania RAW-ów. Byłoby dobrze, by aparat kręcił filmy wideo – jestem też operatorem – a onegdaj zdarzało się, że często zabierałem ze sobą aparat fotograficzny i kamerę wideo. Ponieważ jednocześnie nie da się przyzwoicie fotografować i filmować, musiałem korzystać z tego sprzętu wymiennie, ale dźwigać trzeba było podwójnie. Teraz, gdy mam aparat z funkcją filmowania, korzystam wymiennie jedynie z przycisków na aparacie, noszę ze sobą tylko jedno urządzenie.

Po trzecie aparat musi być tani. To podstawa – powinien być tani, odporny i lekki zarazem. Chociaż tego typu aparaty są już na rynku, nie należą do tych, którymi każdy chciałby się chwalić, ale potrafią dokładnie to samo, co drogie lustrzanki.

Mogłoby się zdarzyć, że gdzieś na końcu świata straciłbym sprzęt. Jeżeli był tani, strata finansowa nie byłaby zbyt bolesna. Łatwiej przełknąć stratę dwóch czy trzech tysięcy złotych niż dwudziestu. Tani aparat łatwiej kupić na lotnisku czy w sklepach w mieście, nawet w odległych miejscach na Ziemi, drogie lustrzanki nie są już tak powszechnie dostępne. Do tańszych aparatów mogę też znaleźć tańsze obiektywy. Ekstremalne warunki użytkowania nie wpływają sprzyjająco na taki sprzęt, piasek na pustyni wżera się zarówno w obiektywy za dziesięć tysięcy złotych, jak i w te tańsze. Łatwiej jest częściej wymienić zużytą optykę na nową, ponieważ nie obciąża to tak bardzo budżetu. Oczywiście im droższe obiektywy, tym ich konstrukcja jest lepsza, są bardziej odporne na czynniki zewnętrzne, jednak wbrew temu, co obiecują producenci, twierdząc, że obiektywy są uszczelnione i odporne na wszystko, i one się psują. Z doświadczenia wiem, że zepsuć się potrafi nawet najdroższy, renomowany sprzęt. Okazuje się, że te niepozorne urządzenia często działają najdłużej i najlepiej.

Pamiętać należy o tym, że im droższy aparat, tym bardziej rzuca się w oczy, a to ma dwie wady. Z drogim aparatem zwracam na siebie uwagę, jestem postrzegany jako zawodowiec wściubiający wszędzie swój nos. Narażam się w ten sposób na niechęć osób, które chcę fotografować, albo wręcz na agresję. Drogi aparat może łatwiej paść łupem złodziei. Gdybym nosił ze sobą drogi sprzęt, ciągle wyjmował go z torby czy

plecaka, oglądał na ekranie zdjęcia, które przed chwilą robiłem – wszystko to czyniłoby mnie potencjalną ofiarą rozboju. Mając taki sprzęt, jestem cały czas obserwowany i namierzany przez złodziei i w najmniej oczekiwanym momencie moje wyposażenie może zmienić właściciela. Jeżeli fotografuję aparatem niepozornym, wyglądającym na tani lub wręcz tanim, złodzieje się nim nie interesują. Z powodzeniem udaję też zwykłego turystę, który z zachwytem robi zdjęcia wszystkiego, co widzi wokół siebie.

Czym różnią się aparaty drogie od aparatów tanich? Te tanie może są mniej prestiżowe, mniej solidne, ale mają wszystkie te same funkcje, które znajdziemy w drogich. Aparaty cyfrowe szybko technologicznie się starzeją. Mniej więcej co pół roku prezentowane są nowsze i lepsze modele z nowocześniejszymi rozwiązaniami, więc wydawanie kilkunastu tysięcy złotych na aparat, który za rok będzie technicznie przestarzały, nie ma sensu, chyba że celem fotografa nie jest fotografowanie tylko lansowanie się w środowisku. Lepiej kupić aparat tani, zużyć go i sprzedać na aukcji internetowej, a potem kupić nowy. Ta filozofia nie dotyczy obiektywów – te nie starzeją się tak szybko, a nawet niektóre starsze modele nadal robią świetne zdjęcia. Obiektyw zawsze będzie wart swojej ceny. Jest jednak wyjątek – nawet najdroższy obiektyw, ale zużyty, na pewno nie będzie tyle wart, co używany w normalnych warunkach. Lepiej więc do uprawiania fotografii podróżniczej kupić tańszy obiektyw, zużyć go, wyrzucić i kupić nowy taki sam. Różnica między kosztownym a sprzedawanym w przystępnej cenie oczywiście jest, najlepiej zresztą widoczna w specjalistycznych testach. W życiu codziennym, gdy nie fotografuje się tablic testowych, tylko całkiem normalne tematy, a potem umieszcza zdjęcia w sieci albo robi relatywnie niewielkie powiększenia, już nie jest ona tak rażąca. Trzeba mierzyć siły na zamiary, a nie bujać w obłokach – nie ma żadnego sensu kupowanie ferrari na taksówkę.

Aparat fotograficzny, obiektywy, akcesoria trzeba w czymś nosić i chronić podczas wypraw. Niestety bardzo często fotografowie zupełnie nie zdają sobie sprawy, jak ważny jest to problem. Z mego doświadczenia wynika, że dobra torba fotograficzna czy dobry pojemnik fotograficzny to taki, z którego mogę błyskawicznie wyjąć aparat, zrobić zdjęcie i aparat schować. Nie wyobrażam sobie sytuacji, gdy jadąc samochodem, sprzęt mam zapakowany w skrzynkę i zamknięty w bagażniku. Najlepsze zdarzenia do fotografowania nierzadko trwają zaledwie chwilę, a gdy fotografuję według klucza, o którym piszę w tej książce, czyli łapania momentu, polowania na kadr, muszę działać szybko. Kiedy widzę, że coś się dzieje, wysiadam z samochodu. Gdybym musiał wtedy wyjmować aparat z bagażnika, temat już by uciekł. To samo dotyczy plecaków, które robią teraz ogromną furorę, ale są mało praktyczne. Plecak nadaje się do tego, by przenieść sprzęt z punktu A do punktu B podczas marszu, pod warunkiem, że to jest marsz, a nie zatrzymywanie się co pięćdziesiąt czy sto metrów, by robić zdjęcia. Gdy muszę zdjąć plecak, postawić na ziemi, wyjąć aparat, zmienić obiektyw i dopiero fotografować, tracę cenny czas. A jeśli taka procedura trwać będzie dłużej, okaże się, że plecak zupełnie nie nadaje się do przeznaczonej funkcji. Jeżeli fotografuję w plenerze, jestem na wyprawie trekkingowej w Nepalu czy Australii, wtedy aparat musi być cały czas na szyi albo gdzieś pod ręką. Nie tylko aparat, ale też obiektywy. Lepszym rozwiązaniem jest torba, którą mogę przewiesić przez ramię, łatwiej ją przesunąć i jednym ruchem ręki wyjąć aparat czy obiektyw. Ale torbę źle się nosi w czasie marszu, jest ona dobra, gdy fotografuje się w jednym miejscu i nie musi się przemieszczać na duże odległości.

Jeśli plecak i torba nie są najlepszym rozwiązaniem, to jakie jest wyjście? Szelki i pas, do którego mam przymocowane kieszenie na obiektywy i akcesoria. Pas, opięty wokół bioder, wisi na szelkach, dzięki czemu nie noszę całego ciężaru na plecach – rozkłada się on bardzo równomiernie. Jednocześnie łatwo mi sięgnąć po obiektyw podczas zmiany, a niepotrzebny schować. Taki system noszenia sprzętu doskonale spełnia swą funkcję podobnie jak torba, wszystko mam w zasięgu ręki, a jednocześnie jest wygodniejszy, bo ciężar rozkłada się i na szelki, i na biodra. W ten sposób mogę przenosić sporą ilość sprzętu bez większego wysiłku. Przy okazji jest on bardzo dobrze, indywidualnie zabezpieczony, nie obija się o siebie jak w plecaku czy torbie. Tak najlepiej się chodzi i fotografuje. Ważne jest też to, o czym niewiele osób wie, bo nie ma takich doświadczeń, że plecak w upale, w tropikalnym klimacie boleśnie odparza plecy. Mimo zabezpieczeń i specjalnych materiałów, z których produkuje się plecaki, z powodu wilgoci, kurzu, piasku i innych zanieczyszczeń pomiędzy plecami a tylną ścianą gromadzi się pot z pyłem, co skutkuje odparzeniami. Jeśli mam szelki i pas biodrowy, ten problem nie istnieje. To najlepsze rozwiązanie do fotograficznych wypraw trekkingowych.

Jeśli jeżdżę samochodem, często się zatrzymuję, wysiadam, fotografuję i jadę dalej. Wtedy najlepszym rozwiązaniem jest torba fotograficzna otwierana od góry. Taką torbę mogę położyć na siedzeniu obok albo – jeszcze lepiej – za siedzeniem. Gdy muszę wyjąć z niej aparat, wystarczy otworzyć klapę od góry i gotowe. Mogę też szybko wziąć całą torbę, wybiec z samochodu i fotografować. Jest tylko jeden podstawowy warunek: w czasie jazdy torba musi być zamknięta, bo w przeciwnym razie sprzęt zacznie się przemieszczać po całym samochodzie, podskakiwać na każdym wyboju, aż wreszcie się rozbije. Jeżeli mam dużo sprzętu i nie muszę wysiadać, by zrobić zdjęcie, lepszym rozwiązaniem jest plecak, który otwiera się z góry. Taki plecak mogę postawić na siedzeniu za kierowcą, przypiąć go pasami, a gdy zajdzie taka potrzeba – otworzyć z góry komorę i dostać się do sprzętu.

Niezależnie od tego, czy będzie to plecak, torba czy skrzynka, zasada jest jedna: w czasie jazdy samochodem, zwłaszcza terenowym w trudnych warunkach, wszystko musi być dokładnie zamknięte i unieruchomione pasami. Zdarzyła mi się kiedyś nieprzyjemna historia z obiektywem, który wypadł z torby, gdy samochód podskoczył na muldzie, tak nieszczęśliwie, że uderzył mnie w głowę. W tym starciu moja głowa bardziej ucierpiała niż solidna konstrukcja obiektywu.

Podczas trekkingu rowerowego najlepiej sprawdzają się szelki i pas biodrowy. Plecak czy torba nie zdadzą egzaminu, bo żeby fotografować, trzeba zejść z roweru, zdjąć plecak, wyjąć aparat... To skomplikowana, a przede wszystkim czasochłonna procedura. Jednakże plecak jest świetny do przewożenia sprzętu z jednego miejsca na drugie.

Na trekking w Nepalu czy na Rajd Dakar w Ameryce Południowej trzeba jednak jakoś dolecieć ze sprzętem fotograficznym w całości. W takim wypadku najlepszym rozwiązaniem jest wygodna i mocna torba na kółkach. Format takiej torby-walizki zwykle zgodny jest z międzynarodowymi przepisami IATA i dzięki temu można zabrać ją ze sobą na pokład samolotu. Wygląda ona zupełnie jak zwykła torba podróżna, ale jest wyspecjalizowana, wewnątrz ma wyścielane przegródki, które oddzielają poszczególne elementy wyposażenia. Zdarza się, że nie uda się wnieść torby na pokład samolotu, choćby dlatego że jest w nim zbyt mało miejsca nawet na bagaż podręczny. Wtedy tuż przy wejściu trzeba torbę oddać na wózek, by po wylądowaniu od razu ją odebrać. Omijamy w ten sposób wszystkie karuzele, po których krąży cały pozostały bagaż, ale nie ma co się łudzić – personel lotniska nie będzie dbał o nasz sprzęt tak jak my sami. W ekstremalnych sytuacjach może się zdarzyć, że cięższą niż dopuszczają przepisy torbę trzeba będzie nadać na bagaż. I wtedy odpowiednia wyściółka torby jest konieczna, bo sprzęt musi być naprawdę dobrze zabezpieczony. Warto też torbę ze sprzętem fotograficznym przed oddaniem dokładnie zafoliować. Prócz ochrony przed ewentualnym złodziejem, wzmocni ją i dodatkowo zabezpieczy, bo choć to tylko folia, jednak mocno owinięta wokół torby całkiem nieźle ją usztywnia i chroni przed ewentualnym grzebaniem w niej przez osoby niepowołane. Foliowanie, praktycznie dostępne na każdym lotnisku, kosztuje około 10 euro i stanowi dodatkowe zabezpieczenie, a jednocześnie ubezpieczenie bagażu. W najgorszej sytuacji, gdy bagaż zginie lub zostanie zniszczony z winy linii lotniczych, prócz zwyczajowego odszkodowania będziemy mieli jeszcze dodatkową kwotę z tego tytułu. Ale w tym miejscu warto przypomnieć jedną z pierwszych wymienianych przeze mnie zasad – lepiej podróżować ze sprzętem relatywnie tanim niż z drogimi lustrzankami i obiektywami. Linie lotnicze nigdy nie zwrócą nam pełnej wartości zaginionego lub zniszczonego sprzętu, a dodatkowa wypłata z tytułu ubezpieczenia będzie tylko dodatkiem do tego odszkodowania.

Moje doświadczenia dotyczące podróżowania ze sprzętem fotograficznym można sprowadzić do stwierdzenia: w podróż samolotem wybieram się z walizką na kółkach, a w tej walizce mam dodatkowo szelki i pas biodrowy z kieszeniami. Jeśli jadę samochodem w długą podróż, mam tę samą walizkę przypiętą pasem w bagażniku czy na tylnym siedzeniu. Jeśli wychodzę z samochodu, zakładam szelki i pas biodrowy, biorę sprzęt i fotografuję. Z zasady nie używam plecaków, czasem biorę dodatkową podręczną torbę fotograficzną, do której zmieści się aparat i jeden lub dwa obiektywy.

Właściwie jedyną wadą szelek i pasa biodrowego jest to, że obwieszony sprzętem wyglądam bardzo profesjonalnie. Niektórych to uskrzydla, ale mnie niezbyt się to podoba – wyglądam jak konwojent bankowy albo kolejne wcielenie Rambo. Nie przesadzajmy więc z tym, co dopinamy do pasa. Tak naprawdę warto mieć ze sobą tylko najpotrzebniejsze obiektywy czy filtry. Trzeba unikać obudowywania się wszystkim, co ze sobą na wyprawę wzięliśmy. Nie jest to też dobre rozwiązanie do eksploracji slumsów czy szemranych dzielnic portowych. W takich sytuacjach poruszam się zupełnie inaczej – zakładam spodnie bojówki z dużą liczbą kieszeni i w nich noszę niezbędne obiektywy i osprzęt, a aparat na pasku na szyi. Często mam też na sobie kurtkę, więc aparat mogę pod nią schować i tak wyposażony wyglądam jak zwykły turysta i nie zwracam na siebie uwagi.

Dylemat fotografa podróżnika brzmi: „Co ze sobą zabrać?". Nigdy nie zabieram całego sprzętu, bo może się przydać. Preferuję obiektywy zmiennoogniskowe, ponieważ nawet jeśli wezmę ze sobą tylko dwa, umożliwią mi one robienie zdjęć z wykorzystaniem wszystkich potrzebnych ogniskowych. Staram się nie fotografować w sposób monotonny. Gdy idę robić zdjęcia, nie decyduję się na jeden typ obiektywu – na przykład tylko szerokokątny. Tak oczywiście też można, to jest interesująca fotografia, ale takie działanie mnie ogranicza. Jeśli byłbym w jednym miejscu kilka dni i jeden z nich poświęcił na tego typu fotografię, to w porządku, zwykle jednak jestem wciąż w podróży, więc najlepszym rozwiązaniem są dla mnie obiektywy zmiennoogniskowe. Podstawowy zestaw to zoom szerokokątny, zoom długoogniskowy 70–200 lub 70–400 mm i jasny obiektyw standardowy. Taki obiektyw, którego często używam, jako że niewiele waży i jest nieduży, to 500 mm, f/8 obiektyw długoogniskowy, ale mały, bo lustrzany. Biorę go często ze sobą zamiast zooma 70–400 mm. Tak wyposażony jestem przygotowany do fotografowania właściwie każdego tematu.

W swoich podróżniczych doświadczeniach dojrzałem do stwierdzenia, że fotograf powinien mieć ze sobą nie jeden, a co najmniej dwa aparaty. Jeden z nich może zawsze być tym zapasowym. Ale ja często fotografuję dwoma aparatami jednocześnie – do jednego z nich mam podpięty obiektyw szerokokątny, a do drugiego zoom. W ekstremalnych warunkach, na przykład w tropikalnym lesie, gdzie panuje duża wilgotność, albo podczas zapylenia na pustyni, staram się nie zmieniać obiektywów, by nie zanieczyszczać wnętrza aparatu. To kardynalna zasada dbałości o sprzęt. Dwa aparaty z dwoma skrajnymi obiektywami powodują, że jestem po prostu szybszy, niż gdybym zmieniał obiektywy na jednym korpusie. Czas jest bowiem niebywale ważny. Może więc dobrym rozwiązaniem jest trzeci aparat – mały i kompaktowy?

Podczas trekkingu każdy kilogram bagażu ma ogromne znaczenie. Warto przecież pamiętać, że prócz aparatu i obiektywów w torbie musimy mieć sporo drobiazgów niezbędnych podczas podróży.

Warto też pamiętać o bateriach, bo bez nich aparaty są po prostu martwe. Dlatego w podróż trzeba zabierać ze sobą baterię zapasową, a najlepiej dwie. Wszystkie powinny być oczywiście naładowane, choć warto też wykorzystywać każdą możliwość dodatkowego ładowania baterii. Dwie albo trzy naładowane baterie dają mi pewność, że w każdej sytuacji będę mógł robić zdjęcia. Zawsze może się przydarzyć coś nieprzewidzianego, na przykład bateria może się samoistnie rozładować w torbie, a wtedy zapasowa pozwoli dokończyć pracę. Ładowarka w podróży to zatem kolejne obowiązkowe akcesorium, a jeśli jadę samochodem, to powinienem zabrać ze sobą przetwornicę do ładowania baterii z akumulatora samochodowego. Baterie są małe i lekkie, nie stanową więc większego obciążenia, a jeśli ktoś mówi, że używa gripa, bo ma tam dodatkową baterię, to jest to dla mnie kuriozalne.

Wspomnijmy jeszcze o kartach pamięci. Oczywiście muszę mieć ze sobą więcej niż jedną, zwłaszcza gdy fotografuję w trybie zdjęć seryjnych. Kilka kart w torbie to konieczność ich upilnowania, ale i gwarancja, że nie zabraknie miejsca na kolejne fantastyczne fotografie. Dlaczego kilka, a nie jedna o bardzo dużej pojemności? W ofercie są już karty pamięci, na których zmieści się kilka tysięcy zdjęć. Trzeba jednak pamiętać, że w podróży wszystko może się zdarzyć. Można utracić aparat na przykład ostatniego dnia wyprawy, a wraz z nim wszystkie zdjęcia. Rozpacz podwójna. Karta może ulec uszkodzeniu, można ją zgubić, przez przypadek sformatować itd. Lepiej jest mieć swoje zasoby rozłożone na kilku kartach o mniejszej pojemności niż na jednej dużej. Wiem to z praktyki.

Filozofia fotografowania, podejście do tematu, język obrazu – wszystkie te elementy zamknięte w jednym słowie „fotografowanie" muszą według mnie zaowocować udanymi zdjęciami. Warto zakończyć teoretyczne rozważania i zacząć część praktyczną. Jak moja teoria fotografowania wpływa na zapisane obrazy? Za dowód słuszności moich tez niech posłużą moje zdjęcia.

CZĘŚĆ II

FOTOGRAFIA PODRÓŻNICZA W PRAKTYCE

Carl Zeiss
Sonnar 2/35
Φ49
MF

1 KRAJOBRAZ W CZASIE BURZY, CZYLI FOTOGRAFIA EKSTREMALNA

Na łamach tej książki wiele razy pisałem o tym, że jedna z moich najważniejszych zasad głosi: aparat fotograficzny powinno się mieć zawsze przy sobie. Do zrobienia dobrego zdjęcia trzeba co najmniej kilku czynników oprócz – oczywiście – szczęścia. Nawet najbardziej banalny temat sfotografowany w niesamowitych warunkach atmosferycznych, z odpowiednio zastosowaną optyką i perspektywą, uchwycony we właściwym momencie stanie się interesującym zdjęciem. Jeżeli jestem świadkiem interesującej sytuacji, wystarczy, że mam aparat, by zrobić dobre zdjęcie. Tylko tyle i aż tyle.

Pisałem też o tym, że fotograf powinien być uniwersalny – umieć sfotografować każdą sytuację. Nie oznacza to, że nie może mieć ulubionych motywów czy fascynacji. Dla mnie jedną z takich ulubionych sytuacji fotograficznych są burze. One mnie fascynują. Lubię fotografować dynamiczne burze i, dopóki trąba powietrzna nie przejdzie mi nad głową i nie wyrwie aparatu z ręki, będę nadal to robił. Jestem oczarowany tym zjawiskiem, więc jeżeli czuję w pobliżu burzę albo wiem, że ją zapowiadano, chwytam aparat i szukam motywu, żeby ją uwiecznić. To chyba najpiękniejsze i pewnie najgroźniejsze zjawisko atmosferyczne na Ziemi.

Fotografowanie w takich sytuacjach można porównać do uprawiania sportów ekstremalnych. Nic wtedy nie jest proste i oczywiste, a reguły, których zwykle należy się trzymać, w warunkach burzowych tracą sens. Ale właśnie wtedy warto wziąć aparat do ręki.

To moje ulubione zdjęcie i – jak na razie – chyba najlepsze. Przyczyniły się do tego niezwykłe okoliczności, w jakich zostało zrobione. Wyjątkowo fotogeniczny jest motyw – choćby ze względu na swoją makabryczność i skalę przedsięwzięcia. Wzdłuż rozpalonych ognisk piekły się setki baranów rozpiętych na żelaznych krzyżach. Surrealistyczne, ciągnące się aleje piekła i rzeźni. W pierwszej chwili miałem skojarzenia z *Medalionami* Zofii Nałkowskiej, opisującymi scenerię obozów zagłady podczas nazistowskiej próby podbicia świata. Potem na myśl przyszły mi pola śmierci stworzone w Kambodży przez Pol Pota, które miały być zaczątkiem nowego ładu.

W wypadku takiego tematu wystarczy zrobić cokolwiek, by zdjęcie wzbudziło zainteresowanie, a nawet szok. Z tego założenia wyszła większość obecnych w tym miejscu fotografów prasowych. W kilka minut obfotografowali zjawisko i tyle. Chciałem jednak z tego tematu wycisnąć o wiele więcej. Czułem, że mam szansę uzyskać niezwykłą fotografię. Fotografowałem dużo, z różnej perspektywy, wieloma obiektywami, jednak wciąż nie byłem zadowolony, brakowało czegoś. Zadanie ułatwiła mi zbliżająca się burza. Deszcz i pozorny brak ekspozycji (jeszcze chwilę wcześniej świeciło słońce) nie zniechęciły mnie do fotografowania. Aby wyeksponować skalę i wielkość tej apokaliptycznej scenerii, wybrałem obiektyw superszerokokątny. Dzięki temu uzyskałem biegnącą daleko w głąb kadru perspektywę, z mocnym, przerysowanym pierwszym planem. Położyłem się na ziemi, by wykonać zdjęcie z żabiej perspektywy. To dlatego rozwieszone na stelażach tusze zwierzęce nabrały demonicznego wyglądu, strzelając w górę jak drapacze chmur. Dodatkowa korzyść takiego ustawienia aparatu to fotografowanie całości na tle nieba, pozbyłem się w ten sposób z kadru zbędnych elementów, a jednocześnie miałem doskonałą scenografię w postaci burzowych ołowianych chmur.

Pozostało mi tylko postawić kropkę nad i. Chciałem mieć jeszcze błyskawicę na zdjęciu. Pojawiały się dość często, problemem było tylko trafienie w odpowiedni moment. Pozostało mi jedynie podejmować wiele prób jej uchwycenia. Relatywnie długi czas otwarcia migawki odrobinę zwiększał szanse. A i tak musiałem wykonać kilkadziesiąt zdjęć, by trafić się udało. Naprawdę miałem szczęście. Zdążyłem jednak przed największą ulewą. Podniosłem się ogromnie podekscytowany i szczęśliwy. Zobaczyłem ekipy telewizyjne i fotografów kłębiących się pod namiotem, żeby schronić się przed deszczem. Tego wieczora nie miałem ochoty na mięso, a warzywa smakowały jak nigdy wcześniej.

Sony A900 | Carl Zeiss Vario-Sonnar® T* Sony, 16–35 mm, f/2,8 | ogniskowa 16 mm . ISO 100 . 1/15 s . f/4

Zdjęcie przedstawia Gold Coast – wybrzeże w Australii, w pobliżu skał zwanych Dwunastoma Apostołami podczas niespodziewanej burzy. Cóż, mój kolega Michał, z którym podróżowałem wtedy po Australii, gdy przeczyta tę książkę, pewnie przestanie się do mnie odzywać. Ale prawdę w ten czy inny sposób trzeba wyznać: żeby zrobić to zdjęcie, musiałem się koledze zgubić. Przyjechaliśmy w to miejsce i ono mnie od razu oczarowało. Dwunastu Apostołów to znane w całej Australii miejsce widokowe, do którego zjeżdżają tysiące turystów. Weszliśmy na główny punkt widokowy. Przebierałem nogami jak dziecko w sklepie zabawkowym. Michał rzucił okiem, pokręcił trochę kamerą i poszedł do samochodu. Już go korciło, żeby nacisnąć pedał gazu i jechać dalej. Spiesząc się, zrobiłem kilka zdjęć, zbiegłem na dół klifu i zrobiłem następne. Były świetne: błękitne niebo, ocean, skały. Idealne obrazki do folderu, dla mnie jednak zbyt banalne. Czegoś wciąż mi brakowało, niestety presja czasu kazała już wracać do samochodu. Gdy siedziałem w aucie, wyjrzałem przez szybę i dostrzegłem narastające czarne chmury. Gdzieś daleko pojawiły się symptomy nadciągającej burzy. Zapaliła mi się czerwona lampka – wreszcie będzie dobry motyw do zdjęć i teraz już naprawdę nie mogę nigdzie dalej jechać. Popatrzyłem na Michała, a potem na chmury, mój mózg zaczął się gotować, czułem się jak Vader postawiony między Imperatorem a swoim synem. Musiałem dokonać wyboru. Nagle przypomniałem sobie, że zostawiłem coś między skałami i muszę koniecznie tam wrócić, poprosiłem więc, by Michał na mnie poczekał.

Nie było mnie godzinę, może dwie. Schowałem się między skałami, bo wiedziałem, że Michał będzie mnie szukać. Czekałem na burzę, lecz ona jakby zbłądziła. W końcu przyszły ciemne burzowe chmury, a światło nabrało specyficznej barwy. To był właśnie ten jeden właściwy moment i dopiero teraz zacząłem na dobre fotografować. Takie zdjęcia chciałem mieć. Zacząłem biegać z aparatem po wszystkich ciekawych miejscach na klifie i na plaży. Chciałem wykorzystać dobre światło i scenerię, by zrobić dużo zdjęć. Zostałem wtedy idolem obecnych tam Japończyków, zwłaszcza tych ze statywami, którzy przywarli do jednego miejsca. Nagle wszystkich nas zaskoczyła nowa sytuacja.

To były niemal sekundy, gdy pojawiło się światło, złoty kolor na wodzie i burzowe chmury – z jednej strony złote, z drugiej granatowe. Ujrzałem prawdziwe Złote Wybrzeże. Zobaczyłem to na głównym punkcie widokowym. Nie mogłem zdjęcia zepsuć od strony technicznej. Byłem bardzo podniecony, a w takim stanie łatwo o pomyłkę. Aparat był ustawiony na program P. Sprawdziło się to chwilę przedtem, musiało zdać egzamin i teraz. Niczego nie zmieniałem. Dziesięć minut później była już ulewa i ściana wody. Kompletnie przemoczony wróciłem do samochodu. Reakcję kolegi przemilczę – wiedziałem, że zabije mnie wzrokiem. Muszę jednak oddać sprawiedliwość Michałowi. Kilkadziesiąt kilometrów dalej dostrzegliśmy tak fantastyczne miejsce, że opadłem zemdlony na siedzenie. Tu dopiero były skały! Nawet Michał się zatrzymał, by to zobaczyć z bliska. Gdybym dopasował się do niego i nie prysnął, pewnie fotografowałbym właśnie to miejsce w burzy. Niestety nie można mieć wszystkiego i należy ponosić konsekwencje swoich decyzji. Jakie to frustrujące.

Sony A900 | Carl Zeiss Vario-Sonnar® T* Sony, 16–35 mm, f/2,8 | ogniskowa 16 mm . ISO 100 . 1/100 s . f/6,3

Zdjęcie pochodzi z pięknej, słonecznej Australii. Wykonałem je podczas podróży życia. Właściwie każda podróż to wyjazd życia, nawet jeśli jest to wyprawa do Pułtuska na najdłuższy rynek we Europie. Tak przynajmniej trzeba zakładać, myśleć, że każda podróż przyniesie coś nowego, dobrego, interesującego, a nie tylko pasożyty przewodu pokarmowego. Pędziliśmy przez kraj kangurów jak polskie wycieczki przez świątynie w Luksorze. Szybko i skutecznie. Wieczorem dojechaliśmy do Złotego Wybrzeża w jego najdzikszym miejscu. Otaczały nas tylko las, skały i ocean.

Rozbiliśmy biwak przygotowani na to, że będziemy mieli ciężką noc pod namiotem, bo lało cały czas, a ołowiane chmury zwiastowały, że się to nasili. Nie zważając na sytuację, po rozbiciu biwaku postanowiłem zrobić zdjęcie. Wymyśliłem sobie, że będę uwieczniać każdy wschód i zachód słońca. Dotyczy to wszystkich moich wypraw. Moi towarzysze wiedzą, że nie wolno mi wtedy zawracać głowy. Wziąłem ze sobą statyw i poszedłem nad ocean. Byłem już tak przemoczony, że deszcz nie robił na mnie wrażenia, liczyłem za to, że zdjęcie – mimo paskudnej pogody – może być udane, bo skały były mokre i odbijały dużo światła, dzięki czemu pejzaż nabrał dramatyzmu. Wiedziałem, że jeśli użyję statywu i zastosuję dłuższy czas otwarcia migawki, to uda mi się pięknie rozmyć fale oceanu, a na pierwszym planie uchwycić błyszczące, wilgotne od deszczu i fal, porośnięte glonami skały. Użyłem szerokokątnego obiektywu, który obejmował sporą część wybrzeża z wyeksponowaniem pierwszego planu. Dzięki temu udało mi się w perspektywie zamknąć też te ostre skały. Nad nimi kłębiły się ciężkie burzowe chmury. „Czy biwak w lesie to dobre miejsce na nocleg?" – zastanawiałem się. Rozejrzałem się wokoło za wygodną jaskinią w skałach. Jednak nie uśmiechało mi się spędzenie nocy z krabem, i to nie jednym. Stwierdziłem, że wolę grzmoty. Czekałem na ów specyficzny moment, *magic hour*. To chwila, w której kontrast między tym, co ciemne na lądzie, a tym, co jasne na niebie, staje się wyrównany, tak by wszystko było zarejestrowane w jednej tonacji, czyli taki naturalny HDR. W końcu nadeszła, a ja zacząłem robić zdjęcia. Po raz pierwszy byłem zadowolony z braku błyskawic. Idea tego zdjęcia to zbalansowanie odpowiedniego czasu ekspozycji i właściwego kontrastu, co osiągnąłem i byłem zadowolony. Przemoknięty i zziębnięty wróciłem na biwak, gdzie w swej naiwności liczyłem na ciepłą zupę i herbatę. Niestety kolega, z którym podróżowałem, spał już w najlepsze w namiocie.

Sony A900 | Carl Zeiss Vario-Sonnar® T* Sony, 16–35 mm, f/2,8 | ogniskowa 16 mm . ISO 100 . 2 s . f/14

Gdy wybierałem się na antypody, byłem bardzo szczęśliwy, że przedłużę sobie w ten sposób lato, jechałem tam bowiem w listopadzie. U nas zaczynała się mokra zima, a w Australii był początek lata i wakacji. Liczyłem, że pofotografuję plaże skąpane w słońcu, piękne tropikalne krajobrazy, czyli to, czego u nas nawet w Rowach w lipcu nie znajdę. Niestety trafiłem z deszczu pod rynnę, a tamtejsza pogoda od panującej w Polsce różniła się jedynie temperaturą. Tam było trochę cieplej, ale tak samo deszczowo. Trafiłem na ogromne powodzie w stanie Queensland. Emocjonował się nimi wtedy cały świat, a ja tam byłem i gniłem.

Wakacje w Adelajdzie, święta za pasem, choinki na wystawach sklepowych, piękne plaże nad oceanem, kurorty rozciągnięte wzdłuż wybrzeża – byłoby fantastycznie, gdyby wyszło słońce. Stałem na molo tuż przed tym, jak zaczęło potężnie lać – to oczywiście dobry moment na fotografowanie. Molo, dość stare, wyglądało atrakcyjnie, chmury również, ale przecież samych chmur nie będę fotografował. Krzątałem się już trochę nerwowo, szukając jakiegoś tematu, aż w końcu spotkałem dzieci, które kompletnie nic sobie nie robiły z tego, że zbliża się nawałnica. Postanowiłem zrobić im zdjęcie i uchwycić na nim z jednej strony dramatyzm scenerii, z drugiej sytuację zupełnie surrealistyczną, oderwaną od rzeczywistości: chociaż logika nakazywałaby uciekać czym prędzej, dzieciarnia bawiła się w najlepsze. Znalazł się więc temat, teraz trzeba było tylko wybrać kadr, którego elementami będą części konstrukcji mola i nieprzewidywalne dzieci. Musiałem wybrać i umieścić w kadrze mocne punkty. Następnie ustalić, na jakim czasie migawki najlepiej zrobić zdjęcie. Chciałem, aby spadający chłopiec był lekko poruszony, aby zdynamizować zdjęcie. Ale nie mogłem też przesadzić, aby jego ruch nie był zbyt rozmazany. Tutaj trzeba zastosować kompromis. Musiałem też wybrać odpowiedni moment, kiedy chłopcy znajdą się w takiej konfiguracji, która będzie najlepsza, by wyzwolić migawkę. Korzystając z trybu zdjęć seryjnych, trochę sobie pomogłem. Wiedziałem, że skoków nie będę mógł fotografować w nieskończoność. Dzięki temu trybowi pracy chciałem znaleźć takie zdjęcie, które w najtrafniejszy sposób odda fazę skoku do wody. Dzięki temu, że w kadrze znalazła się burzowa chmura, obraz stał się odrealniony, chociaż przedstawia scenę zupełnie banalną.

Sony NEX-5 | Sony E, 16 mm, f/2,8 | ISO 200 . 1/100 s . f/5,6

Są takie dni, kiedy nic nie wskazuje na to, że staną się wyjątkowe. To był zwykły letni dzień w wakacje. Do obiadu przebywałem na plaży, a potem wybierałem się na spotkanie klasowe po dwudziestu latach. Rocznice matur mają to do siebie, że elektryzują, konsolidują dawne znajomości na chwilę, po czym stają się nieistotne na kolejne lata. Jako człowiek, który zawsze dokumentował życie klasy, na spotkanie zabrałem aparat, aby i tym razem tak zrobić. Moje klasowe zdjęcia to ciekawe zjawisko, bo wszyscy chętnie się fotografują, choć wiedzą, że szansa na zobaczenie tych zdjęć jest, delikatnie mówiąc, średnia. Na pewno ich to irytuje, ale nieodmiennie wykazują się sporym zrozumieniem dla mnie, ponieważ znają mnie i wiedzą, że zawsze byłem zajęty i miałem masę innych, ważniejszych spraw, ale zgodnie z moimi zapewnieniami nie porzucają nadziei na dostanie tych zdjęć. Ja też głęboko wierzę w to, że w końcu ujrzą one światło dzienne. Siedzieliśmy w kafejce na plaży, mieliśmy wyśmienite humory, dzieliliśmy się wspomnieniami i anegdotami, a ja zrobiłem mnóstwo zdjęć roześmianych koleżanek. Piwo smakowało wybornie. Jednak nagle zniknąłem bez słowa, jakbym dostał mejl od Boga. Nikogo to nie zdziwiło, wręcz przeciwnie, moi koledzy mogli powiedzieć tylko jedno: „Ten gość w ogóle się nie zmienił".

Zobaczyłem na horyzoncie kłębiące się chmury. Widok był tak piękny, że otwarłem szeroko usta. Zbliżała się taka nawałnica, że można było odnieść wrażenie, iż za chwilę świat się skończy. Zrobiło się ciemno, cicho i złowieszczo. Morze stało się gładkie i odrealnione. Zacząłem rejestrować tę chwilę, fotografowałem to, co działo się na niebie i szukałem tematu, który mógłby się z tym zderzyć. Ale znajdowałem się na plaży. Dookoła był piach i woda, a czas uciekał. Wiedziałem, że za chwilę spadnie ściana wody i wszystko to uleci. Miałem zaledwie kilka minut na zdjęcie. Próbowałem fotografii formalnej, chcąc uchwycić niebieską wieżę ratowników na tle chmur, kosze plażowe czy zamki na piasku. To wszystko zdało mi się jednak naciągane i średnio atrakcyjnie wizualne. Tymczasem ludzie pospiesznie opuścili plażę i zapanowała pustka. Być może dzięki temu zobaczyłem dziewczynkę bawiącą się w wodzie niczym biały żagiel na oceanie. Scena wyglądała zupełnie surrealistycznie: ona – oaza spokoju i radości – na tle nadciągającej nawałnicy. Do tego typowy dla burzy nad morzem nastrojowy sos w postaci ciężkiej kolorystyki, kontrastu i – jak ja to nazywam – błyszczącego światła. Natychmiast pobiegłem w stronę dziewczynki, udając, że robię zdjęcia chmur, aby jej nie wystraszyć. Jej rodzice pospiesznie zwijali ekwipunek plażowy. A ona, nic sobie z tego nie robiąc, już ubrana korzystała z ostatnich chwil na plaży i brodziła w wodzie. Moja decyzja była tylko jedna: wykorzystać obiektyw szerokokątny, aby objąć jak największy fragment nieba, potem doskoczyć do dziewczynki jak najbliżej, by stała się elementem dominującym w kadrze. Nie mogłem podejść zbyt blisko ani ustawić się za daleko. Zdawałem sobie sprawę, że kiedy podejdę bliżej, mała może uciec na brzeg. Miałem tylko jeden strzał. Skupiłem się, chcąc dobrze go wykorzystać. Sprawdziłem w wizjerze, czy wszystkie parametry ekspozycji są właściwe, a zwłaszcza czy czas ekspozycji nie jest za długi. Nie chciałem, aby moje zdjęcia były poruszone. Włączyłem korektę ekspozycji na minus jeden, żeby zdjęcie przyciemnić. Wiedziałem, że przy białej koszulce da to dobry efekt niskiego klucza. Kiedy byłem wszystkiego pewien, a trwało to sekundy, podczas których podjąłem wiele szybkich decyzji, zrobiłem zdjęcie. Za chwilę pękło niebo, lunęły strugi wody. Wróciłem do znajomych kompletnie przemoknięty, ale zadowolony jak rzadko. Nikt nawet tego nie skomentował, w końcu znamy się ponad dwadzieścia lat.

Sony A700 | Carl Zeiss Vario-Sonnar® T* Sony DT, 16–80 mm, f/3,5–4,5 | ogniskowa 18 mm . ISO 100 . 1/30 s . f/4

Po raz kolejny sprawdziła się moja zasada, zgodnie z którą nie wychodzę z domu bez aparatu fotograficznego. Podróżowałem między Warszawą a Świnoujściem i nagle zamiast pięknej, słonecznej pogody zapanowała ciemność, a wszystko zwiastowało nadejście burzy. Onegdaj często bywało tak, że jadąc samochodem, obserwowałem kierunek podążania chmur. Czasem, gdy szły bokiem, goniłem je nawet przez sto kilometrów po to tylko, by zrobić jedno zdjęcie. Tym razem sytuacja była beznadziejna. Znajdowałem się w okolicach Pogorzelicy, a wokół roztaczały się jedynie pola kukurydzy. Tymczasem burza zbliżała się coraz bardziej i właściwie był to ostatni moment, by zrobić jej zdjęcie, ale po bokach drogi widziałem tylko pola kukurydzy. „Mamy w końcu Amerykę" – pomyślałem zrzędliwie. Jadąc tak szosą, natknąłem się na stojące w oddali samotne drzewo na oceanie kukurydzy. To był moment olśnienia i męskiej decyzji. Zahamowałem i zjechałem na pobocze pod drzewo, wbrew zdrowemu rozsądkowi i zasadom bezpieczeństwa. W tle usłyszałem klaksony i szczere życzenia najgorszego. Czego jednak się nie robi dla swej pasji, nawet jeśli czasem trzeba się najeść wstydu? Wiedziałem, że nie ma sensu jechać dalej ani szukać innego motywu, bo mogłem niczego nie znaleźć, a burza przecież nie będzie trwać wiecznie. Czekałem więc, aż chmury się zbiorą i utworzą najbardziej korzystną scenerię dla mojego zdjęcia. Jednocześnie – oczywiście – fotografowałem i próbowałem szukać najlepszego kadru. Próbowałem ustawić ostrość na pierwszym planie i na drugim, gdzie znajdowało się drzewo. Ujmowałem je centralnie i z boku. Zastanawiałem się, czy w kadrze więcej miejsca mają zajmować chmury, czy może pole kukurydzy. Próbowałem trzymać aparat przy ziemi i nad głową. Uprawiałem więc typowy taniec z aparatem. Ludzie, którzy w tym czasie jechali drogą, widząc mój samochód i mnie biegającego z aparatem, gdy zbliżała się burza, musieli mieć niezłą zabawę. W końcu znalazłem kadr, który mnie usatysfakcjonował. Wszystko dograłem idealnie: obiektyw o szerokim kącie, ostrość na pierwszy plan tak, żeby liście kukurydzy wyszły wyraźnie, a do tego rozmyte drzewo. Czekałem tylko na chmury w interesującej konfiguracji i one przyszły – wtedy zrobiłem zdjęcie. Jak nagle się to wszystko pojawiło, tak gwałtownie skończyło. Oczywiście pracowałem na automatyce aparatu, czyli na programie P, jednak przez cały czas kontrolowałem, co wyprawia z ustawieniami urządzenie. Dbałem zwłaszcza o właściwy czas otwarcia migawki. Nie ma nic gorszego, kiedy kadr jest dobry, sytuacja na zdjęciu ciekawa, człowiek mokry, a ostrości brak.

Sony A900 | Carl Zeiss Vario-Sonnar® T* Sony, 24–70 mm, f/2,8 | ogniskowa 35 mm . ISO 100 . 1/125 s . f/4,0

Pamiętam to czerwcowe popołudnie – siedziałem na tarasie swojego domu i gapiłem się na morze. Dzień był taki leniwy, że nie miałem lepszego pomysłu na jego spędzenie. Było duszno, a pogoda taka nieokreślona. Wyjście na plażę uznałem za bezsensowne, ponieważ brakowało światła, a po drodze jeszcze mógł mnie dopaść deszcz. A skoro do plaży było trzysta metrów, to przypuszczalnie zmoczyłoby mnie już tam. A to nie należy do przyjemności. Kompletnie odrętwiały zastanawiałem się nad problemami tego świata. W końcu zerwał się wiatr, zrobiło się ciemno. Natychmiast wstałem i spojrzałem w niebo, z ruchu moich warg można było odczytać najpopularniejsze polskie słowo. Nadciągała burza, a wraz z nią kolejny problem, z którym musiałem się zmierzyć: „Co fotografować?". Złapałem malutkiego neksa i dosłownie pobiegłem pod wiatrak na główki portowe w Świnoujściu. „Wiatrak" to popularna nazwa stawy nawigacyjnej, która przypomina wietrzny młyn, choć nim nie jest. Stoi on przy końcu falochronu, trzysta metrów od brzegu. Z tego miejsca miałem najlepszy widok. Do wiatraka miałem trzy kilometry. Po drodze zastanawiałem się, co sfotografować. Wiadomo: chmury, burzę, być może pioruny, ale one miały tworzyć tło. Co stanie się moim pierwszym planem? Przez głowę przeleciało mi kilka pomysłów: żaglowiec walczący z falami, ogromny pływający dźwig ściągający na siebie błyskawice, przemoczony marynarz maszerujący w stronę portu, zziębnięta dziewczyna przytulona do wiatraka i chowająca się przed szkwałem. Moja wyobraźnia zmotywowała mnie do przyspieszenia kroku. Liczyła się każda minuta. Niestety kiedy dotarłem do plaży, przy falochronie nad moją głową znalazła się właśnie kulminacja frontu burzowego. Groźne chmury szybko przesuwały się na wschód, a tuż za nimi podążała gigantyczna ulewa. Do wiatraka miałem jeszcze kilkaset metrów. Musiałem zrobić zdjęcie natychmiast. Jednak niczego, co sobie wymyśliłem, nie było w pobliżu, nawet zbłądzonego turysty. Większość ludzi uciekła już z plaży. Ruszyłem szybko w stronę wiatraka z nadzieją, że może zdążę zrobić skromne zdjęcie symbolu mojego miasta z fantastycznymi chmurami w tle. Szanse były jednak małe. Nagle zobaczyłem fotel wyrzucony w trzciny przez fale. Nie jest to marynarz, pomyślałem, ale przecież mógł na nim siedzieć. Postawiłem fotel na nogi i pomyślałem, że zrobię dobre surrealistyczno-abstrakcyjne zdjęcie, a w najgorszym razie będzie to kiepski żart albo niedopowiedziana sztuka dla dociekliwych.

Ustawiłem najszerszą ogniskową w moim zoomie, tak by uchwycić spory kawał chmurnego nieba. Następnie tak obróciłem fotel, by najlepiej zarejestrować jego formę. Aparat trzymałem nisko, nad samą wodą, a sam – oczywiście – do niej wlazłem, bo inaczej się nie dało. Nie dlatego, że musiałem, tylko z tego powodu, że w ferworze nie zauważyłem, w co wchodzę. Mogło być gorzej, ta cześć plaży jest bowiem otwarta dla czworonogów. Na szczęście w aparacie był uchylny ekran, inaczej musiałbym się w tej wodzie położyć. Aparat miałem ustawiony na tryb P i to w zupełności wystarczało, aby zrobić udane zdjęcie. W większości wypadków tak fotografuję. Sprawdziłem tylko, czy czas migawki będzie wystarczająco krótki, by nie poruszyć zdjęcia. Było to dlatego ważne, że byłem po szybkim biegu i cały dyszałem. Jednak ISO miałem ustawione na Auto i aparat sam skompensował czułość, by czas otwarcia migawki był wystarczająco krótki. Oceniłem na ekranie obraz, sprawdzając, czy zdjęcie nie wyjdzie zbyt ciemne lub zbyt jasne, i zrobiłem całą serię z różnymi wariantami kadru. Dosłownie za chwilę spadła taka ulewa, że już nic nie było widać. Oczywiście dalej robiłem zdjęcia. Jednak to było najlepsze. Kompletnie przemoczony wróciłem do domu. A zapowiadał się taki nudny dzień. To nic, że to tylko zdjęcie krzesła, najważniejsze, by świetnie się bawić.

Sony NEX-5n | Sony E, 18–55 mm, f/3,5–5,6 | ogniskowa 18 mm . ISO 200 . 1/125 s . f/7,1

Oto kolejna historia z burzą w tle. Jak zwykle byłem w podróży. Jechałem samochodem, a z głośników sączyło się *Have You Ever Seen the Rain?* Kredensów. Z przekąsem obserwowałem, jak zaczyna się ściemniać. Zbliżała się burza, i to konkretna. Zacząłem się wiercić na siedzeniu. Wiedziałem, że to jest dobry moment, by zrobić zdjęcie. Przejeżdżałem wtedy przez Kaszuby, trafiłem więc na jakieś jezioro, których jest tu wiele. Pomyślałem, że to dobre miejsce, bo chmury odbijały się w wodzie, a z plastycznego punktu widzenia to bardzo ciekawe. Chodziłem wzdłuż jeziora i szukałem kadru, jakiegoś motywu głównego. Czasu – jak zwykle – miałem mało: za chwilę przejdzie front, znikną chmury, a na ich miejscu pojawi się masa spadającej wody. Okazało się, że nie ma tu nic poza starym pomostem. Zdecydowałem się na takie ujęcie, by pokazać rozpadający się pomost z łańcuchem i kłódkę. Rdza i próchno dobrze współgrają barwnie z nadciągającą burzą, a także budzą skojarzenia dotyczące spędzania czasu na jeziorze w trakcie trwania żywiołu. Pewnie to trochę naciągane, ale coś musiało stać się głównym motywem zdjęcia. Improwizowałem. Zastanawiałem się, jak sprawić, że zdjęcie stanie się interesujące. W końcu zdecydowałem, że wykorzystam najdłuższy możliwy w tych warunkach czas otwarcia migawki. Dzięki temu będę miał trochę ruchu w kadrze, wiał bowiem dość silny wiatr, a ja chciałem osiągnąć efekt rozmycia wody i trzcin. Zdecydowałem się na bardzo szeroki kąt i pionowy kadr z przerysowanym pomostem zajmującym połowę z niego i kłódką w najważniejszym punkcie. Dzięki temu miałem już coś w kadrze, maleńką kłódkę, która za sprawą optyki stała się przerysowana i stanowiła mocny element kompozycji. Przyszło mi do głowy, żeby zrobić zdjęcie czarno-białe, jednak zdecydowałem się na kolor, który w takich warunkach sam w sobie jest dość wyblakły, a przez to niesamowity. Światło w odcieniu ołowiu i srebra, jaki dają chmury, powoduje, że barwa dodaje ekspresji i buduje nastrój. Miałem jednak problem związany z brakiem statywu, a chciałem zrobić ostre zdjęcie na długim czasie migawki. Aparat był wyposażony w stabilizację matrycy, miałem więc nadzieję, że to ułatwi sprawę. Postawiłem aparat na barierce, przytuliłem się do niej mocno, a aparat przycisnąłem do siebie. Kiedy tak się owinąłem wokół tej barierki, ona zaczęła się ruszać razem z pomostem. Kląłem jak szewc, ale to nie pomagało. Nie było wyjścia, wszedłem więc do wody. Krótkie spodnie latem to nie tylko wygoda, to konieczność. Raz jeszcze oparłem aparat o barierkę i mocno przycisnąłem. Włączyłem tryb zdjęć seryjnych i wykonałem serię przy czasie 2,5 sekundy, licząc na to, że z kilkudziesięciu przynajmniej jedno będzie ostre. W ten dość prymitywny sposób udało się zrobić zdjęcie. Uciekając do samochodu przed deszczem z moimi mokrymi krótkimi nogawkami, zastanawiałem się, czy nie powinienem nosić takich spodenek jak David Hasselhof, zdecydowanie krótszych, za to bardziej efektownych i praktycznych.

Sony A900 | Carl Zeiss Vario-Sonnar®T* Sony, 16–35 mm, f/2,8 | ogniskowa 16 mm . ISO 100 . 2,5 s . f/22

Wybrałem się na plażę w Stegnie, by zażyć kąpieli słonecznej. Zamierzałem długo leżeć na piasku i nic nie robić. Musiałem uciec od tłumów, więc przede mną była długa droga brzegiem morza w ustronne miejsce. Dlatego zabrałem ze sobą nikczemnych rozmiarów aparat, który miał mi nie ciążyć i mógłbym go schować przed wścibskimi do środka trampka. Po dotarciu na miejsce natychmiast zacząłem realizować plan. Obudził mnie przebiegający po mojej głowie pies. Powietrze zgęstniało, rozejrzałem się i stwierdziłem, że od zachodu zbliża się burza. Nadciągały ciężkie, ołowiane chmury zasłaniające słońce, a do niedawna duszna, upalna pogoda załamywała się. Tłumy uciekały z plaży, a ja zostałem, żeby robić zdjęcia. Wybór motywu nie nastręczał trudności – stały się nim fale rozbijające się o konar drzewa. W tle były ciemne chmury, ale słońce jeszcze podświetlało pień i wodę, tworząc idealny pas światła. Musiałem jednak poradzić sobie z bardzo dużą rozpiętością tonalną i kontrastem. Ja to widziałem, ale zastanawiałem się, czy aparat również to zarejestruje. Niestety pierwsze próby pokazały, że tak nie jest. Mógłbym zrobić zdjęcie z użyciem trybu HDR, lecz ruchy fal nie sprzyjały temu, więc nie udałoby się zatrzymać w kadrze bryzgów wody. Znalazłem jednak proste rozwiązanie dzięki funkcji DRO (*Dynamic Range Optimisation*), czyli cyfrowemu rozjaśnianiu cieni. Można samemu ustawić dowolną wartość DRO albo pozostawić to oprogramowaniu aparatu. Przyłożyłem aparat do oka, wykadrowałem, poczekałem na odpowiedni układ fal i nacisnąłem spust migawki. Wiedziałem, że resztę zrobi za mnie automat, który tak dobiera balans między światłami a cieniami, żeby kontrast pozostał odpowiedni, a na zdjęciu wszystko zostało zarejestrowane. Oczywiście osobną kwestią jest złapanie bryzgu fal. W takich sytuacjach warto pamiętać o czasie reakcji i o swoim refleksie, licząc na to, że woda pryśnie, a my zdążymy zrobić zdjęcie ułamek sekundy później. Można też ułatwić sobie pracę, korzystając z trybu zdjęć seryjnych, a gdy aparat fotografuje z częstotliwością siedmiu klatek na sekundę, zdjęcie się uda. To wystarczająco szybko, by zdążyć zrobić całą sekwencję ruchu fali i zatrzymać w kadrze pryskającą wodę. Wracałem w strugach deszczu. Chciałem zażyć kąpieli – i tak też się stało. Naprawdę zły analizowałem sens jechania na mokry weekend z Warszawy nad morze. Po chwili jednak z uśmiechem pomyślałem: „Jak to dobrze, że fotografuję. Przynajmniej mam fajne zdjęcia".

Sony NEX-5 | Sony E, 18–55 mm, f/3,5–5,6 | ogniskowa 35 mm . ISO 200 . 1/200 s . f/8

Przebywałem na Pomorzu Zachodnim w okolicach Świnoujścia. Było parno, widziałem, że zbierają się chmury. Rzuciłem więc wszystko, podniosłem aparat z podłogi i poszedłem szukać odpowiedniego kadru. Opowiadałem już o drzewie na polu kukurydzy i o burzy na Kaszubach, teraz napiszę o pogoni za burzą. Po wyjściu z domu robiłem zdjęcia, otaczały mnie budynki, drzewa, latarnie i tak na dobrą sprawę nie byłem z tych ujęć zadowolony. „Nic ciekawego – pomyślałem – żadnej rozległej panoramy z widokiem na żywioł". Front burzowy z chmurami przeszedł mi nad głową, a ja nie mam nic, ani pół ciekawego zdjęcia. Do tego to piekielnie niskie ciśnienie, od którego powieki przykrywały mi nie tylko oczy, ale również ramiona. Myślenie okropnie bolało. Uparłem się jednak, że dogonię chmurzyska na południu. Wsiadłem do jeepa i ruszyłem w pogoń za burzą. Minąłem dwa fotoradary i od razu stałem się bardziej rześki. Nic tak nie podnosi ciśnienia jak błysk flesza w szczerym polu. Dopiero teraz zdziwiony stwierdziłem, że jadę prosto w ulewę samochodem bez dachu. Z pogardą spojrzałem na faceta widocznego w moim w lusterku wstecznym. Jechałem, nie dostrzegając po drodze niczego, co mogłoby by wypełnić kadr, potem zanurzyłem się w las, lecz ten wybór okazał się jeszcze gorszy. Później trafiłem na pole i znów nic. Ścigałem ją już dobre kilkadziesiąt kilometrów, tymczasem burza, a raczej jej najbardziej widowiskowe czoło, po prostu mi uciekało. Na szczęście nagle na skraju jakiejś wioski ujrzałem drzewo i sierpniową łąkę mieniącą się różnymi kolorami kwiatów. Pomyślałem, że to dobry motyw, zwłaszcza z ołowianymi chmurami burzowymi w tle. Zatrzymałem więc samochód, wypadłem z aparatem i zacząłem fotografować. Założyłem obiektyw o bardzo szerokim kącie, aby w kadrze uchwycić jak najwięcej chmur w tle, a jednocześnie wyeksponować pierwszy plan. Ustawiłem aparat na program P, autofokus i automatyczną czułość. Dzięki temu jedynym moim zadaniem było skupienie się na kadrowaniu. Oczywiście musiałem cały czas podglądać, na jakim czasie automat chciał robić zdjęcie. To bardzo ważne, aby czas nie był zbyt długi, bo zdjęcia wyjdą nieostre, zwłaszcza kiedy się fotografuje w biegu. To wszystko działo się w ułamkach sekund. Fotografowałem szybko, burza przeleciała przez obiektyw błyskawicznie, a chmury, które obserwowałem w wizjerze, za chwilę były daleko ode mnie. Za frontem burzowym nadeszła ściana wody, z dalszego fotografowania w tym miejscu nic więc nie wyszło. Za to zainteresowałem swoją osobą miejscowego gospodarza. Zobaczył samochód, do którego leje się woda, i człowieka skaczącego z aparatem wokół drzewa na jego polu. Spytał, czy mam jakiś problem.

– Nie, a dlaczego? – Odpowiedziałem, przecierając ociekające wodą oczy.

Sony A900 | Carl Zeiss Vario-Sonnar® T* Sony, 16–35 mm, f/2,8 | ogniskowa 20 mm . ISO 200 . 1/30 s . f/2,8

Fotografowanie jachtów i żaglowców podczas regat to wielka frajda i doskonała zabawa. Poza przyjemnością fotografowania cieszy mnie również to, że sam płynę za jachtami. Do tego dochodzi kontakt z morzem i miłe kołysanie fal. Tak jest teoretycznie. Praktyka jednak czasem różni się od tej sielankowej wizji. Tego dnia już przed startem wiedziałem, że przyjemnie nie będzie. Na niebie wisiały ciężkie chmury, zacinał deszcz. Spędzenie na pokładzie całego dnia było mało inspirujące dla takiego pieska salonowego jak ja. Widziałem siebie raczej na rozgrzanym pokładzie bujającym się na Morzu Śródziemnym, wcale bowiem nie miałem ochoty na udawanie twardziela na Bałtyku. A do tego jeszcze fotografowanie. Co prawda jestem przyzwyczajony do wody zalewającej obiektyw, ale nie twierdzę, że to przyjemne. Jakby tego wszystkiego było mało, wiał jeszcze wiatr, panował ziąb, a pokład uciekał spod nóg. Marzyłem o tym, by dostać się na ląd. Ale słowo się rzekło, więc ruszyłem na regaty. Po godzinie zmagań już nie żałowałem. Najciekawszy jest start, kiedy dziesiątki jachtów kłębią się w jednym miejscu; kluczą, chcąc znaleźć najdogodniejsze miejsce, aby złapać wiatr w żagle i ruszyć na sygnał do przodu. Wtedy to na jachtach trwają manewry, załoga uwija się na pokładzie jak w ukropie. Znalazłem się na motorówce sędziowskiej i z górnego pokładu fotografowałem to przedstartowe zamieszanie. Na szyi miałem dwa aparaty. Jeden z długim obiektywem i drugi z szerokokątnym standardowym zoomem. Dzięki temu nie musiałem w razie konieczności zmieniać obiektywu. Nie było na to czasu, a ponadto podczas deszczu, na rozkołysanym pokładzie bywa to dość niewygodne, a nawet niebezpieczne. Wizja toczącego się do wody po pokładzie obiektywu jest jak koszmarny sen. Stałem w rozkroku i balansowałem ciałem. Jeśli tylko mogłem, zapierałem się nogami o relingi albo oplatałem nimi maszt. Wypadnięcie do wody również jest kiepskim pomysłem. Ustawiłem jak najkrótszy czas naświetlania, minimum 1/500 s, a dla teleobiektywu znacznie krótszy. Pracowałem na trybie priorytetu czasu, przysłona automatycznie dopasowywała się do niego, czułość podobnie. Autofokus ustawiłem na śledzenie obiektu (ciągły). W elektronicznym wizjerze widziałem, jak wygląda ekspozycja i czy wysokie kontrasty są w całości rejestrowane. Na wypadek konieczności ingerencji, trzymałem palec na pokrętle korekcji ekspozycji. Zanim zrobię zdjęcie, bez odrywania oka od aparatu mogę skorygować ją tak, by obraz był zarejestrowany bez błędów. Ogólnie byłem przygotowany na bardzo szybkie fotografowanie – i słusznie, ponieważ kiedy przez ciężkie burzowe chmury wyjrzało na chwilę słońce, świat oszalał. Światło stało się niesamowite. Pojawiły się mocne kontrasty, na wodzie rozlało się srebro, otoczenie stało się sinoplatynowe. Tak widziały to moje oczy. Ale mój aparat widział to inaczej. Rzut oka w wizjer, który wyświetla obraz tak, jak widzi matryca aparatu, i już wiedziałem, że to srebro na wodzie to zwyczajna biała plama. Wykonałem ruch palcem i skorygowałem ekspozycję na niższą o jedną wartość przysłony – to rozwiązało problem. Wpadłem w prawdziwy amok. Spojrzałem w niebo i już byłem pewien, że takie światło może potrwać najwyżej kilka minut. Rozejrzałem się dookoła i oceniłem oświetlenie. Zdecydowanie najlepsze było właśnie pod słońce, w stronę, gdzie na wodzie unosiło się rozlane srebro. Inne kierunki mnie nie interesowały. Fotografowałem. Gorączkowo szukałem tematu, czyli właściwego jachtu. Otaczały mnie same białe żagle, a tu aż się prosiło o jakiś barwny element. Rozglądałem się w poszukiwaniu czegoś, co miało szansę znaleźć się w upatrzonym przeze mnie miejscu. Trudno mi było uwierzyć szczęściu: na ponad sto jachtów tylko jeden miał czerwony żagiel i akurat płynął tam, gdzie trzeba – prosto w snop światła. Zrobiłem zdjęcie. Nagle – jakby ktoś wyjął wtyczkę z kontaktu – zaszło słońce, zrobiło się ciemno i ponuro. Nie miałem drugiej szansy. Słońce już do końca dnia się nie pokazało. Dostałem prezent od losu i wykorzystałem go. Mimo wątpliwości popłynąłem, a skoro już byłem zdecydowany fotografować, to potraktowałem to poważnie, zgodnie ze swoim doświadczeniem. Kiedy nadarzyła się okazja, byłem gotów zrobić zdjęcie.

Sony SLT A99V | Carl Zeiss Vario-Sonnar® T* Sony, 24–70 mm, f/2,8 | ogniskowa 70 mm . ISO 800 . 1/2500 s . f/8

Przebywałem na Kaszubach nad jeziorem, gdy nadciągała zwyczajna burza. Otaczały mnie wysokie drzewa, więc niewiele tej burzy widziałem. „Może powinienem pojechać gdzieś dalej?" – pytałem sam siebie. Nerwowo szukałem jakiegoś punktu zaczepienia, by zrobić zdjęcie. Obawiałem się jednak, że mogę się rozminąć z burzą, tym bardziej, że znajdowałem się w pięknym miejscu. Jakieś zdjęcie jednak zrobić musiałem. Szybko sięgnąłem do pamięci, przypominając sobie wszystko, co dotyczy języka obrazu, i zastanawiałem się, jak się do tego zabrać. „Wieje, i to mocno – myślałem. – Może więc zarejestrować ruch na zdjęciu? Czemu nie?". Akurat wtedy – wyjątkowo – miałem statyw, więc najdłuższy czas otwarcia migawki zwielokrotniony przez założenie neutralnego szarego filtra ma sens. Założyłem filtr, czułość ustawiłem na 100 ISO i stwierdziłem, że czas jest wciąż zbyt krótki, by uzyskać rozmazanie poruszających się na wietrze liści. Dołożyłem filtr polaryzacyjny, ale czas otwarcia migawki był nadal nie dość długi, a dodatkowo filtr gasił refleksy na wodzie. Jeśli nie przeklinałem, to tylko dlatego, że w pobliżu bawiły się dzieci. Znalazłem filtr ND, ale bez mocowania – zwykła szybka systemu cokin. Porysowana, ale ciemna. Przyłożyłem go palcami do obiektywu. Mogłem dzięki niemu wydłużyć czas nawet do kilku sekund, ale tylko pod warunkiem, że dam radę utrzymać palec poza kadrem tak długo. „Źle sie przygotowałem" – pomyślałem, ponieważ to, że nie zabrałem mocowania do filtra, wynikało tylko i wyłącznie z tego, iż nie chciałem dla niego znaleźć miejsca w torbie. Zły na siebie przycisnąłem statyw mocno do ziemi, by wiatr nim nie kołysał, ostrość ustawiłem na widoczną w oddali rybaczówkę. Niestety zdjęcia wychodziły nieostre. Wiatr był zbyt silny, a moja pokraczna poza, która miała sprawić, że poradzę sobie z sytuacją za pomocą dwóch – a nie czterech – rąk, nie gwarantowała stabilności. Ale od czego ma się dziecko? Poprosiłem Patryka, żeby osłonił aparat od wiatru. Jednak on swoją posturą przypominał brzózkę. Wiatr kołysał nim bardziej niż statywem. Zamieniliśmy się. Ja użyłem masy swojego ciała do osłaniania aparatu przed wiatrem, a on swoich dłoni pianisty do trzymania filtra. Dzięki połączeniu naszych starań chata wyszła ostra, a drzewa poruszone. Zdecydowałem się też na kadr pionowy, by zarejestrować światło bijące ze srebrzysto-ołowianych chmur i – przy okazji – zdradzić topografię miejsca, w którym przebywałem. Później okazało się, że ów filtr jest neutralnie szary tylko z nazwy. Wprowadzał na zdjęcie dziwny, zgniły kolor, co mnie zainspirowało do zaprezentowania ostatecznej wersji w czerni i bieli.

Sony A900 | Carl Zeiss Sony, 24 mm, f/2,0 | ISO 100 . 4 s . f/11

Zdjęcie wykonałem w San Francisco, przedstawia ono most Golden Gate. Można o nim powiedzieć: „Och, jaka słodka pocztówka! I to z miejsca, które uwiecznia każdy szanujący się turysta!". Przyjeżdżają tu wszyscy, by zrobić zdjęcie panoramy miasta, na pierwszym planie umieszczając oczywiście Golden Gate. Trzeba przyznać, że trafiłem na idealne warunki, by zrobić taką właśnie pocztówkę. Fotografowie stojący obok byli pełni euforii, opowiadając, że przyjeżdżali w to miejsce od pół roku, a takich warunków jeszcze nie było. To bardzo rzadkie, że jednocześnie świeci tu słońce, panuje mgła, a chmury przetaczają się nisko pod mostem. Miałem szczęście, to prawda, trochę jednak musiałem mu pomóc – po całym dniu zwiedzania miasta tak ustawiłem plan podróży, by w to miejsce przyjechać o zachodzie słońca. Wiedziałem, że wtedy widok stanie się najbardziej atrakcyjny. Wyszedłem z założenia, że przybycie tu w południe będzie zupełnie pozbawione sensu. Okazało się, że miałem rację. Dominującym motywem zdjęcia są chmury przepływające pod mostem, ale dopiero oświetlone z góry promieniami zachodzącego słońca wzbudzają podziw i sprawiają, że obraz staje się bajkowy, nieziemski. Zrobiłem to zdjęcie z głównego punktu widokowego. O stronie technicznej nawet nie ma co pisać: program P, idealne warunki oświetleniowe, tylko skadrować i nacisnąć spust. Żadna filozofia. W tym wypadku wykazałem się tylko nosem i szczęściem, ale mnie było mało. Robiłem zdjęcia i pewnie wzbudzałem u fotografujących tam Amerykanów zaciekawienie. Różniliśmy się znacznie: oni byli wyposażeni w statywy i fotografowali bardzo statycznie, jakby przymurowani do jednego punktu. Ja biegałem z miejsca na miejsce, znajdując się to przed barierkami, to za nimi, robiłem zdjęcia przez ich głowy i aparaty, cały czas szukałem odpowiedniego kadru. Fotografowałem przepływające pod mostem statki, portrety gapiów, bawiące się na tle mostu dzieci, a także parkometry. Starałem się uchwycić teleobiektywem samochody na moście we mgle, dosłownie wszystko to, co dostrzegało moje oko, i to nie tylko wtedy, kiedy patrzyłem w stronę mostu.

Sony A900 | Carl Zeiss Vario-Sonnar® T* Sony, 16–35 mm, f/2,8 | ogniskowa 16 mm . ISO 200 . 1/80 s . f/8

A oto to samo miejsce w San Francisco (okolice mostu Golden Gate), tyle że most mam za plecami. Porzuciwszy wszelkie stereotypy, postanowiłem się od niego odwrócić i nagle co widzę? Droga, zbocze gór, zachodzące słońce podświetlające chmury, a to wszystko w jednym kadrze. Żeby ujrzeć ten widok, trzeba było znaleźć się w słynnym miejscu widokowym, przejść około stu metrów i odwrócić się od mostu. Nie do wiary! To przykład na mobilność fotografa – nie można trzymać się kurczowo jednego miejsca, motywu czy kadru. Byłem niezmiernie zdziwiony, że tylko ja to uwieczniam, że tylko ja tutaj przyszedłem. Gdzie była reszta fotografów? Most fotografowało kilkadziesiąt osób, a tutaj nie widziałem nikogo. „Ile można fotografować most?" – pomyślałem. Byłem zmotywowany i chciałem zrobić jak najwięcej różnorodnych zdjęć, bo po pierwsze takie warunki pogodowe mogą mi się więcej nie trafić, a po drugie wcale nie wiadomo, czy jeszcze tu wrócę. Słońce zachodziło, wiedziałem więc, że to kwestia kilkunastu minut i będzie po wszystkim. Tego typu zjawiska atmosferyczne nie trwają wiecznie, z fotografowaniem trzeba się było spieszyć. Oczywiście mimo pośpiechu warto zachować rozwagę, więc przy takim fotografowaniu należy być przynajmniej bardzo efektywnym. Teraz fotografowałem pod słońce i miałem duży problem, aby na zdjęciu zarejestrować szczegóły w cieniach. Zrobienie zdjęcia, na którym nie widać drogi, w tym wypadku byłoby bez sensu. Poradziłem sobie, włączając tryb HDR. Ten wykonywał za każdym razem serię trzech zdjęć o różnej ekspozycji, a następnie sklejał je w jedno. Na ekranie w aparacie oceniłem, czy na pewno wszystkie interesujące mnie szczegóły są widoczne. Cała akcja odbyła się szybko, bez konieczności fotografowania ze statywu. Bardzo mi to ułatwiło pracę. Dzięki temu miałem jeszcze czas, by zrobić inne zdjęcia. Wszak po zachodzie słońca panorama San Francisco jest również piękna. Ale to już inna historia. Udało mi się zrobić zdjęcie autostrady do nieba jak z amerykańskiego filmu i teraz już wiem, skąd biorą się w głowach Amerykanów takie tytuły. Tam tak po prostu jest.

Sony SLT A55V | Carl Zeiss DT, 16–80 mm, f/3,5–4,5 | ogniskowa 50 mm . ISO 200 . 1/60 s . f/4,5

E 3.5-5.6/18-55 OSS
0.25m/0.82ft
Ø49

2 | SZEROKIE SPOJRZENIE

Robienie zdjęć szerokim kątem powszechnie uważa się za należące do podstaw fotografii. Szerokokątny obiektyw przez wydłużenie perspektywy staje się bardzo atrakcyjnym narzędziem dla wielu osób. Po przyłożeniu aparatu do oka widzimy bardzo dużo, co – według zwolenników tej optyki – stanowi jej zaletę. Łatwiej jest tak robić zdjęcia tym, którzy nie są jeszcze uwrażliwieni na dostrzeganie detalu. Szeroki kąt to nie tylko narzędzie do fotografowania rozległych pejzaży czy architektury, ale – wbrew obiegowym opiniom – także do fotografii portretowej i zdjęć reportażowych. Użycie obiektywów szerokokątnych wymaga jednak od fotografa bardzo bliskiego podejścia do fotografowanego obiektu, w tym wypadku do człowieka – wymusza wejście w bezpośrednią z nim relację. Często zdjęcie zrobione jest szerokim kątem, po to by pierwszy plan był przerysowany, a całość nabrała dynamiki. To jest klucz do wykonania niesamowitego zdjęcia. Bliskie podejście do obiektu może też stanowić duży problem dla fotografa, a nawet być niebezpieczne. Ogniskowa obiektywu to jednak nie wszystko.

Piramidy egipskie fascynują ludzkość od wieków. Te zagadkowe starożytne budowle wystąpiły w głównej roli w tysiącach filmów i milionach fotografii. Dla wielu z nas było lub jest marzeniem zobaczenie ich na żywo i – oczywiście – sfotografowanie. Pamiętam, że kiedy pierwszy raz pojechałem do Egiptu i ujrzałem piramidy, to nie wierzyłem, iż są to te same obiekty, które podziwiałem na zdjęciach i filmach. Rzeczywistość odarta z romantyzmu, wkraczające na teren pustyni miejskie slumsy, wszędobylski śmietnik, tłum turystów, miejscowych naganiaczy, sklepikarzy, patrole wojskowe, bramki, ogrodzony teren, a na dodatek biegnąca pomiędzy wielkimi piramidami asfaltowa droga zburzyły moje wyobrażenie o zabytkach starożytnego Egiptu. W mojej głowie pojawiła się spiskowa teoria, że te piramidy na filmach to hollywoodzki plastik. Jak oni mogli w tym chaosie sfotografować piramidy tak, by wyrastały one ze środka pustyni i nie towarzyszyły im współczesne, cywilizacyjne dodatki. Moją pierwszą podróż do Egiptu odbyłem w czasie, kiedy miałem jeszcze znikome doświadczenie w fotografowaniu. Nie przywiozłem z niej żadnych interesujących zdjęć piramid. Do Egiptu jeździłem później wielokrotnie, piramidy fotografowałem, nauczyłem się w końcu podpatrywać i zamykać je w kadr tak, by pokazać je w izolacji. Tak też było ostatnim razem, kiedy o wchodzie słońca krzątałem się w ich pobliżu. Oczywiście wraz ze mną krzątało się mnóstwo turystów, wycieczek. Wiedziałem jedno: światło tego dnia było świetne. Znalazłem też miejsce, z którego – czułem to – uda mi się sfotografować piramidy długoogniskowym obiektywem tak, aby dookoła nie było widać żadnych zabudowań ani śmieci. Ale takie zdjęcia już miałem z poprzednich wypraw i takich zdjęć są w sieci tysiące. A ja chciałem uzyskać coś innego, oryginalnego. Kręciłem się więc po okolicy dosyć nerwowo, bo słońce wschodziło coraz wyżej, a ja wciąż nie miałem kadru i nadal potykałem się o kamienie. No właśnie, kamienie! Zacząłem im się przyglądać. Pomyślałem, że te kamienie są tak fascynujące i tak typowe dla tego miejsca, ale jednocześnie takie oczywiste, że nikt na nie nie zwraca uwagi.

I to był mój pomysł na zdjęcie. Popatrzyłem na te kamienie i pomyślałem: „Muszę wybrać najbardziej interesujące, które będą oświetlone snopem światła, zastosuję szeroki kąt, dzięki czemu znajdą się one na pierwszym planie, przerysowane i wielkie, a piramidy w wydłużonej perspektywie schowają się w tle, dając złudzenie bezkresnej przestrzeni. Istotnie, znalazłem kamienie, i to trzy, na dodatek tak jak główne piramidy oświetlone promieniami słońca. Znajdowały się blisko piramid, ale ja tę odległość postanowiłem zafałszować wydłużeniem perspektywy. Pozostał jeden problem: turyści. Kamienie znalazłem na wybrzuszeniu terenu, dzięki czemu były oświetlone słońcem, teraz wystarczyło zejść aparatem jak najbliżej ziemi, aby turyści schowali się za górką. Dalej pozostało już tylko zmierzenie ekspozycji, wybranie odpowiedniej przysłony, aby znaleźć właściwą głębię ostrości, i „pstryk”.

Sony SLT A77V | Sony DT, 16–50 mm, f/2,8 | ogniskowa 16 mm . ISO 200 . 1/125 s . f/5,6

Będąc latem nad Bałtykiem, zawsze korzystam z wieczornych spacerów po plaży. Uwielbiam atmosferę towarzyszącą zachodom słońca, kiedy cały świat się wycisza po intensywnym dniu, plażowicze udają się do domów, a słońce ozdabia krajobraz długimi cieniami. Zawsze w takim momencie spaceruję z aparatem w nadziei, że uda mi się coś oryginalnego sfotografować. Jest to dla mnie trudne zadanie, ponieważ nad morzem mieszkam od zawsze i w zasadzie chyba wszystko, co było tam do sfotografowania, już na jakimś zdjęciu uchwyciłem. Należy jednak pamiętać o tym, że każdy wieczór jest inny i każdego dnia może zdarzyć się coś wyjątkowego. Tak było w wypadku tego zdjęcia. Widoczny na fotografii kuter cumuje w tym miejscu od lat, lecz tego dnia panowała wyjątkowa pogoda. Jak na plażę nad Bałtykiem było wręcz tropikalnie. Gorąco, duszno, parno, powietrze stało nieporuszane przez najmniejszy powiew wiatru, a na morzu panowała kompletna flauta. Na horyzoncie kłębiły się ciężkie chmury zwiastujące zmianę pogody. Te okoliczności wywołały we mnie szał twórczy pierwszego stopnia. Czułem, że tego dnia zrobię coś ciekawego. Przyłożyłem aparat do oka i ujrzałem, w kulminacyjnym momencie dobrego oświetlenia, jak fantastycznie komponują się chmury, mieniąc się różnymi kolorami, a na pierwszym planie zobaczyłem kuter. Robiłem zdjęcia szerokokątnym obiektywem (16 mm) tak, aby objąć kadrem jak największą przestrzeń i jak najwięcej chmur. Fotografowałem szybko, bo światło zmieniało się z minuty na minutę. Wiedziałem, że mam nie więcej niż dziesięć minut na wykonanie zdjęcia. Kadrowałem, ujmując kuter raz po lewej stronie, raz po prawej, to znów centralnie. Podszedłem bliżej, aby wyeksponować bryłę łodzi w większej skali, potem cofnąłem się, aby kuter w karze był mniejszy. Wykonałem wiele różnych wariantów tego zdjęcia. Nie byłem jednak do końca zadowolony z efektu. Choć panowały doskonałe warunki do fotografowania, wciąż w tej fotografii czegoś mi brakowało, takiej kropki nad i. Wiedziałem, że zrobiłem już dobre zdjęcia, ale zupełnie zwyczajne, a ja chciałem uzyskać coś wyjątkowego. Dostrzegłem na horyzoncie szybko płynący skuter wodny i nagle zaświtała mi w głowie idea: „Jeśli skuter przepłynie, wywoła falę, a ona może stać się dobrym dodatkowym elementem kompozycyjnym". Szybko więc przestawiłem aparat na tryb zdjęć seryjnych, przewidziałem, jak fala się ułoży względem chmur i kutra, wybrałem odpowiedni kadr i czekałem, aż fale dopłyną do brzegu. W odpowiednim momencie, kiedy zaczęły się spiętrzać pod moimi nogami, po raz kolejny skorygowałem kadr i zacząłem robić zdjęcia seryjne. Wykonałem całą sekwencję zdjęć, a następnie wybrałem to, na którym fala ułożyła się najbardziej adekwatnie do zaplanowanej przeze mnie kompozycji. Muszę dodać, że to była jedyna sposobność, aby zrobić to zdjęcie. Nie mogłem sobie pozwolić na jakikolwiek błąd albo niespodziankę. Co prawda skuter za jakiś czas przepłynął powtórnie, ale słońce w tym momencie było już niżej za horyzontem i nie podświetlało tak spektakularnie chmur. Zastanówmy się zatem, jak fotografować szybko, bezbłędnie, w błyskawicznie zmieniających się warunkach świetlnych. W opisanej przeze mnie sytuacji nie miałem czasu na wielokrotny pomiar światła w trybie manualnym i nanoszenie odpowiednich poprawek przed każdym wykonaniem zdjęcia. Aby ułatwić sobie pracę, korzystałem z funkcji automatycznej. Dzięki wizjerowi elektronicznemu mogłem ocenić ekspozycję, kontrast, kolor, a na wyświetlanych parametrach odczytałem, czy czas otwarcia migawki jest wystarczająco długi, aby uzyskać efekt rozmycia fali. Bo i tę kwestię musiałem przewidzieć, zanim nacisnąłem spust migawki. Musiałem zdecydować, jaki czas będzie odpowiedni, by fala została zarejestrowana w ruchu, a jednocześnie zdjęcie nie było poruszone. W tym wypadku bardzo szeroki kąt i stabilizacja matrycy pomogły w wykonaniu zdjęcia przy czasie 1/15 s.

Sony SLT A99V | Carl Zeiss Vario-Sonnar® T* Sony, 16–35 mm, f/2,8 | ogniskowa 16 mm . ISO 160 . 1/50 s . f/4

W pogoni za dobrymi zdjęciami wybraliśmy się jeepami, jeszcze w nocy, aby znaleźć dobre miejsce na pustyni do fotografowania tuż po wschodzie słońca. Kiedy dotarliśmy na miejsce, moim oczom ukazało się przepięknie podświetlone morze wydm, podzielone głębokimi cieniami. Oczywiście zabrałem się za fotografowanie. Po chwili jednak ponaglany potrzebą uchwycenia czegoś mniej oczywistego niż przepiękne wydmy w czarownym oświetleniu zacząłem rozglądać się dookoła. Zauważyłem ślady naszych samochodów w kontrowym świetle wschodzącego słońca. Pomyślałem sobie, że to jest taki nieoczywisty temat, bo będę miał na zdjęciu i światło, i wydmę, i fakturę piasku przeciętą śladem odciśniętych opon. Użyłem obiektywu szerokokątnego, by otrzymać wydłużoną perspektywę śladów uciekających w głąb, w nieskończoność. Chodziło też o to, by uzyskać wyeksponowany pierwszy plan, fakturę piachu i odcisku opony. Ustawiłem się tak, aby słońce znalazło się pośrodku kadru. Ślady opon wjeżdżały w kadr od prawego dolnego rogu po przekątnej w stronę górnego lewego rogu, faktura wydmy miała zaś układać się przeciwnie, biegnąc z lewego dolnego rogu ku prawemu górnemu. W ten oto sposób uzyskałem ciekawą kompozycję geometryczną. Brakowało mi jeszcze do pełni szczęścia jakiegoś elementu na zdjęciu, wyznacznika skali uzupełniającego pozostałe części kadru. Poprosiłem członka ekipy, aby przeszedł się w stronę słońca i stanął w odpowiednim miejscu. Dzięki niemu zdjęcie stało się metaforą samotności ludzkiej w obcym świecie, a zarazem oddawało grozę, nadzieję, skalę naszej małości w zetknięciu z żywiołem. A wszystko to zostało ozdobione wspaniałym światłem i głębokimi, nastrojowymi cieniami.

Od strony technicznej było to dość skomplikowane zdjęcie, ponieważ zostało wykonane pod światło, ale z założeniem, że będzie się na nim dało rozróżnić wiele detali. To bardzo sprzeczne i trudne do połączenia ze sobą warunki fotografowania. Jednak tego dnia to właśnie zdjęcie mogłem w łatwy sposób wykonać, ponieważ wybrałem odpowiedni moment do jego zrobienia. Słońce było jeszcze tak nisko, że spowite było poranną mgiełką i nie oślepiało, a jednocześnie dawało już wystarczająco dużo światła, żeby zarysowały się wyraźne cienie. Sztuką jest bowiem umiejętność dostrzeżenia i odpowiedniego wykorzystania oświetlenia. Musimy pamiętać, że słońce wschodzi bardzo szybko i bardzo szybko zachodzi. Mam na myśli kluczowy moment, kiedy pojawia się lub znika za horyzontem. Wtedy kilka minut wcześniej lub później robi dużą różnicę. Wcześniej nie miałbym tak klarownego światła i cieni, a kilka minut później światło byłoby zbyt ostre i oślepiające.

Sony A900 | Carl Zeiss Vario-Sonnar® T* Sony, 16–35 mm, f/2,8 | ogniskowa 16 mm . ISO 100 . 1/50 s . f/4,5

Fotografowanie pod słońce przynosi dobre efekty, pod warunkiem że oprócz słońca i cieni coś jeszcze widzimy. Światło przechodzące przez kropelki pary wodnej ulega rozproszeniu, dzięki czemu zmniejsza się kontrast. Wtedy jest duża szansa, że na zdjęciu uda się nam zarejestrować ciekawe półtony. Tak było też tego poranka, kiedy fotografowałem zawodników na trasie Rajdu Dakar. Odcinek przebiegał po pustyni Atakama, zwanej także mglistą. Choć to jedno z najbardziej suchych miejsc na świecie, to jednak mgieł tu nie brakuje. Zimny Prąd Peruwiański oblewający wybrzeże Chile ochładza powietrze nad oceanem, co powoduje powstawanie mgły. To idealne pod względem plastycznym warunki do zdjęć, ale niezbyt dobre do fotografowania szybko poruszających się pojazdów. Skoro słabo widać pojazdy we mgle, to może skupić się na innych motywach i fotografować pod słońce? Tak właśnie zrobiłem. Szukałem odpowiedniego motywu, który byłby z jednej strony interesujący w sensie wizualnym, a z drugiej dobrze oświetlony. Chciałem również, aby w kadrze zmieścił się jakiś pojazd przebijający się przez mgłę. Znalazłem grupę głazów, po których ślizgało się światło. Wybrałem obiektyw o najszerszym kącie, jaki miałem, aby wyeksponować pierwszy plan, przerysowując skalę, i uzyskać skrót perspektywy. Zmierzyłem ekspozycję w światłach i wykonałem zdjęcia próbne, sprawdzając, czy szczegóły w cieniach też się zarejestrowały. Okazało się, że raz były widoczne, a raz nie. Zależało to od stopnia, w jakim kłęby mgły przesłaniały słońce. Im bardziej osłabiały światło, tym mniejszy kontrast dało się zarejestrować, a zarazem tym lepsze wychodziło zdjęcie. Musiałem więc czekać i wybrać moment, gdy światło było najodpowiedniejsze. Skadrowałem kamienie tak, by znajdowały się w lewym dolnym rogu zdjęcia, a słońce chciałem uchwycić po przekątnej w górnym prawym rogu. Ustawiłem ostrość na środkowy kamień, dokonałem pomiaru ekspozycji automatem, wiedząc, że będzie dobrze, bo wcześniej zrobiłem próby. Aparat ustawiłem na tryb zdjęć seryjnych i teraz musiałem tylko poczekać na dobre światło i jadący pojazd. Nie zawsze szły one w parze, więc uzbroiłem się w cierpliwość. W końcu te dwa elementy zgrały się. Mgła przesłoniła mocniej słońce, a kontrast się poprawił. W kadrze pojawił się motocykl, zwolniłem więc spust migawki. Wykonałem kilka zdjęć, a spośród nich wybrałem to, na którym motor najlepiej komponował się ze słońcem i kamieniami. Wiedziałem, że na tym jednak nie koniec. Musiałem teraz poddać zdjęcie edycji na komputerze i selektywnie rozjaśnić cienie. Mogłem sobie na to pozwolić, bo wiedziałem, że szczegóły w cieniach zarejestrowały się dobrze. Warto bowiem zawsze pamiętać o rejestrowaniu na zdjęciu jak największej liczby szczegółów. Zależy to nie tylko od ustawienia ekspozycji, ale także od tego, jaki motyw fotografujemy i jak kontrastowo jest on oświetlony. Reszta to już tylko kreacja.

Sony A900 | Carl Zeiss Vario-Sonnar® T* Sony, 16–35 mm, f/2,8 | ogniskowa 24 mm . ISO 200 . 1/80 s . f/9

Jechałem przez najsłynniejszą południowoamerykańską pustynię – Atakama w Chile. Gdyby był tam wtedy Salvador Dali, powiedziałby pewnie: „Tak, miałem rację, moje sny mnie nie myliły, taki rzeczywiście jest świat". Proszę spojrzeć na ten krajobraz jak z surrealistycznego obrazu Dalego: pustynia, suche, rachityczne drzewo, a w oddali łańcuch wzgórz. Nie mogłem postąpić inaczej, niż wysiąść z samochodu i sfotografować to miejsce. Wypatrzyłem je z daleka, bo jadąc, obserwowałem horyzont i coś mi się nie zgadzało. „Tu, na pustyni, drzewo?" – myślałem. Nie miałem zbyt wiele czasu, jednak gdy podjechałem bliżej, okazało się, że jest prawdziwe. Skąd się ono tu jednak wzięło? Na terenie Chile znajduje się bardzo wiele kopalń, z których ogromna część już nie działa. Ale gdy jeszcze coś w nich wydobywano, na terenach przykopalnianych sadzono drzewa, nawadniano je i pielęgnowano, by zmęczonym górnikom dawały cień, jakże potrzebny, żeby odpocząć. Dopóki kopalnie funkcjonowały, dopóty drzewa miały się dobrze, a gdy kopalnie upadły, obumarły i drzewa. Niepodlewane schły na pustyni w zastraszającym tempie, zostały tylko takie właśnie surrealistyczne kikuty wyrastające z księżycowego krajobrazu. Nieprawdopodobna sytuacja i nieprawdopodobne zdjęcie.

Patrzyłem na drzewo i zastanawiałem się, jak je sfotografować w interesujący sposób, przecież nie mogłem bezrefleksyjnie zrobić zdjęcia drzewa wyrastającego z księżycowego krajobrazu, bo to byłoby zbyt oczywiste. Zobaczyłem wtedy, że niedaleko jest odcinek specjalny rajdu, którym miały jechać samochody. Poczekałem na taki moment, by zderzyć stojące tu drzewo z rajdem w oddali, i zacząłem fotografować. Nagle, nie wiadomo skąd, pojawił się jakiś kibic i wszedł na drzewo. W pierwszej chwili zdenerwowałem się, sądząc, że psuje mi kadr, ale potem pomyślałem, że jest to genialne, bo kibic pokazał skalę, stał się czynnikiem ludzkim tej fotografii. Oczywiście wykonałem też wersję bez człowieka, ale to zdjęcie wydaje mi się zdecydowanie lepsze.

Z tej przygody wyciągnąłem następujący wniosek: trzeba poddać się fali wydarzeń, które się toczą, i czujnie wykorzystywać wszystkie momenty, by je fotografować. Nie warto bić się z rzeczywistością, gdy ma się inny plan, a jakaś przypadkowa osoba go popsuje. Trzeba pomyśleć przez chwilę, niekiedy bowiem sytuacja zastana okazuje się lepsza niż nasz pierwotny plan. Warto więc robić różne wersje, na wybór przyjdzie czas później.

Użyłem tu obiektywu o bardzo szerokim kącie (16 mm przy pełnej klatce), mamy tu wydłużoną perspektywę, drzewo na pierwszym planie, a w tle aż po horyzont wielką przestrzeń. Można było oczywiście zrobić to zdjęcie w innej konfiguracji, na przykład obiektywem o dłuższej ogniskowej z większej odległości; uzyskałbym wtedy drzewo wyraziściej odcięte z tła. Po cóż je jednak odcinać, jeśli tło jest tak czystym elementem krajobrazu, a chmury doskonale go uzupełniają.

Sony A900 | Carl Zeiss Vario-Sonnar® T* Sony, 16–35 mm, f/2,8 | ogniskowa 16 mm . ISO 100 . 1/100 s . f/9

Sony SLT A99V | Carl Zeiss Vario-Sonnar® T* Sony, 16–35 mm, f/2,8 | ogniskowa 16 mm . ISO 50 . 1,6 s . f/16

Kto rano wstaje, temu Pan Bóg daje – to porzekadło sprawdza się również w fotografii. Rano, tuż po wschodzie słońca, nie tylko panuje najciekawsze światło z powodu długich cieni i przyjemnej barwy. Rano jest też cicho, spokojnie, sennie i zwiewnie, a przy odrobinie szczęścia mamy szansę na mgiełki. Taka atmosfera działa niezwykle kojąco i stymuluje twórczo. Oczywiście jeśli jesteśmy w stanie pokonać własny organizm, który krzyczy: „Leż, durniu, dopiero co się położyłeś, a dziś sobota!". Faktycznie, największym problemem przy fotografowaniu o świcie jest widzenie świata przez zamknięte oczy. Jeśli pokonamy ten problem, reszta pójdzie jak z płatka. Tego dnia postanowiłem zrobić kilka zdjęć wcześnie rano, licząc, że dostrzegę coś, czego nad tym jeziorem poprzedniego dnia zobaczyć nie mogłem. Znajomi mówili mi, że w tym miejscu jest wyjątkowo pięknie, są tu ryby, ogromne grzyby i śliczna, przeczysta woda. Po ujrzeniu jeziora w strugach deszczu uznałem, że podróżowanie po świecie ma swoje wady. Człowiek się naogląda pięknych miejsc, a potem staje się tak zblazowany, że nic mu się nie podoba. Zawstydziłem się w duchu, lecz i uparłem, że zdjęcie zrobić muszę. Wyobraziłem je sobie tak: wczesny ranek, mgły, statyw i jeleń pijący wodę z jeziora. Wstałem. Po procedurze uruchomienia kolan i otworzenia powiek wyszedłem na taras i co zobaczyłem? „Boże – pomyślałem – przecież to prawie Kanada. Tafla wody jak lustro, chmury podświetlone jak w reklamie słodyczy i... nic więcej. Żadnego jelenia, żadnego wędkarza, pusto". Poszedłem na pomost i po prostu fotografowałem to, co tam zastałem, czyli pomost, pieniek do siedzenia, chmury i wodę. Aparat miałem na statywie, dołączony obiektyw szerokokątny (16 mm), tak by w kadrze zobaczyć jak najwięcej. Pomost na pierwszym planie i ów pieniek jako mocny punkt w kadrze. Przy okazji zauważyłem, że wyciągnięta perspektywa mocno krzywi pomost. To dobrze, zrobi się z tego ciekawa kompozycja geometryczna, która złamie tę słodycz natury, a owalny pieniek stanie się wisienką na torcie jako koło wkomponowane w trapez. Skadrowałem tak, by długi cień pieńka wychodził z narożnika kadru. Teraz musiałem tylko poczekać, żeby żaden wiaterek nie muskał tafli wody, a chmurki na niebie ułożyły się w kształt, który dopełni tę geometryczną kompozycję. Nastawiłem długi czas otwarcia migawki, by mieć pewność, że tafla wody na pewno wyjdzie gładka, a nawet gładsza niż w rzeczywistości. Tak wałkowałem ten temat, aż zrobiłem wiele wariantów tego zdjęcia, łącznie z podwariantami. To był bardzo udany ranek, w tak pozytywnym nastroju wszystko się udaje, nawet grzyba znalazłem w drodze powrotnej. Następnego dnia byłem już na Islandii i tam dostałem tak w kość, że na wspomnienie tego lichego jeziorka miałem sentymentalno-estetyczne wspomnienia, ale to osobna historia.

Podróżowałem ze znajomymi dziennikarzami podczas testów samochodu Ford Ka po drogach Majorki. Nasza uwaga skupiała się głównie na właściwościach trakcyjnych nowego samochodu. Co tu dużo mówić, korzystając z okazji, jechałem bardzo szybko po krętych drogach, poszukując granicy trzymania się opon drogi i mojej ułańskiej fantazji.

W tym miejscu i czasie nie byłem fotografem i nie myślałem o fotografowaniu, co jednak nie zwalniało mnie od zabrania ze sobą aparatu. Tak naprawdę nie myślałem o zdjęciach, ale czułem, że przecież zawsze mogę je robić. Nagle jak rażony piorunem nacisnąłem hamulec, zatrzymując samochód niemalże w miejscu. Zanim mój kompan zamknął usta ze zdziwienia, ja byłem już na zewnątrz. Moją uwagę przykuł sad z czerwoną niczym cegła ziemią. Natychmiast zacząłem się zastanawiać, jak to zapisać dla potomnych, a muszę przyznać, że aura w tym momencie była sprzyjająca. Obłoki wyglądały jak z baśni, a świeżo po deszczu nasiąknięta wodą ziemia jeszcze bardziej wysyciła się kolorem. Patrzyłem na to przez wizjer aparatu i przejawiałem wszelkie oznaki zniecierpliwienia: po pierwsze z powodu ekscytacji, po drugie pod wpływem presji mojego kolegi, który najwidoczniej nie poznał się na uroku tego miejsca, po trzecie – z bezsilności. Nie mogłem uciszyć jęczenia mojego kumpla ani nie potrafiłem ot tak pstryknąć zdjęcia. Wiedziałem, że to miejsce ma ogromny potencjał, tylko trzeba go odkryć. Miałem również świadomość, że za chwilę zajdzie słońce i kolory zbledną. Gorączkowo szukałem punktu zaczepienia. Myślałem tak: szerokim obiektywem pokażę ogrom tej przestrzeni, czerwoną ziemię i błękit nieba, czyli pokażę wszystko i nic. Tymczasem mnie chodził po głowie mocny kadr. Wiadomo, wystarczy obiektywem szerokokątnym uchwycić coś na pierwszym planie, a perspektywa przyciągnie uwagę. Niestety nic się dobrze nie komponowało, zresztą nie miałem tam zbyt dużego wyboru, jedynie drzewa, ale i one były łyse, bez liści, zbyt ażurowe i za duże jak na pierwszy plan. Po prostu źle się kadrowały i swoją nadmiernie rozbudowaną formą mocno dominowały w kadrze. Znalazłem rozwiązanie połowiczne, a mianowicie sterty gałęzi leżących na ziemi. To było to, miałem dobrze komponujący się pierwszy plan utkany z ażurowej sterty gałęzi, w tle łyse drzewa, z takimi samymi konarami. Wszystko to okraszone mocnym kolorem, głębokimi cieniami i romantycznymi obłokami. Musiałem tylko użyć filtra polaryzacyjnego, aby cały ten barwny sos uwypuklić. Potem, podczas edycji zdjęcia, lekko zmniejszyłem nasycenie nieba, aby obłoki nie wyglądały tandetnie, dzięki czemu zdjęcie zyskało więcej ekspresji. Zdecydowanie granat zamiast błękitnego nieba lepiej komponuje się z czerwienią ziemi. W ten oto sposób, w zupełnie przypadkowej sytuacji powstało zdjęcie jakby z innej planety.

Sony A900 | Carl Zeiss Vario-Sonnar® T* Sony, 16–35 mm, f/2,8 | ogniskowa 16 mm . ISO 100 . 1/60 s . f/5,6

Mój przyjaciel, który mieszka w Zjednoczonym Królestwie, od dawna mnie namawiał, aby przyjechać do niego i wspólnie pofotografować – tym bardziej, że właśnie kupił aparat i kilka obiektywów i zupełnie wsiąkł w nową pasję. Rozpierała go energia. Nie bardzo jednak wiedział, od czego zacząć. Zrobił już setki zdjęć, ale nie zaspokajały one jego aspiracji. To trudny moment dla każdego początkującego pasjonata – pojawia się wtedy zwątpienie i znużenie. To zupełnie tak jak z dzieckiem, które pełne entuzjazmu bierze do ręki blok i kolorowe farbki, by za chwile zastygnąć w dylemacie: „Co mam namalować?". Po zużyciu kilkudziesięciu kartek zniecierpliwiony brakiem zadowalających efektów malec porzuca profesję malarza, by zostać lekarzem. Celowo porównuję ogarniętych pasją dorosłych do dzieci. W pasji jest ta energia, która towarzyszy nam od dzieciństwa, gdy każdy dzień otwierał nam okno na świat. Dzięki tej energii my, ludzie z pasją, starzejemy się wolniej albo nigdy nie dorastamy.

Choć byłem bardzo zajęty, uległem namowom przyjaciela, pojechałem na Wyspy, by dzielić się mocą z moim nowym padawanem. Po poinstruowaniu go, jak opanować współczesną technikę, zaplanowaliśmy wyjazd w teren. Umowa była taka, że ja fotografuję, a on podpatruje, jakie wybieram tematy do zdjęć, jak je kadruję, jakie wybieram obiektywy, czy robie zdjęcia z góry, z dołu czy z ukosa. Ogólnie – miał się przyglądać warsztatowi. Nic nie wskazywało na to, że najważniejsza lekcja jaką dostał, weźmie się z przypadku.

Mieliśmy jechać na zdjęcia o wschodzie słońca, ale gdy wstaliśmy, lało jak to w Anglii. Prognozy były bezlitosne. Usiedliśmy przy mocnej, szkockiej herbacie i dzień upłynął na dyskutowaniu o ogólnej teorii względności. Następnego dnia było podobnie, chmury zakrywały niebo tak szczelnie, jakby nie istniało. Sprawdziłem prognozę pogody i stwierdziłem, że jest szansa na koniec tego deszczu. Decyzja mogła być tylko jedna, wyruszyliśmy więc nad morze wykonać plan. Po drodze jeszcze obrzydliwie lało, ale gdy dojechaliśmy, zaczęło się przejaśniać. Skręciliśmy na najbliższą plażę, zostawiliśmy auto na parkingu i pieszo przez las ruszyliśmy w stronę wybrzeża. Naszym oczom ukazało się ogromne lustro, w którym odbijały się ciężkie chmury. Napadało tyle wody, że nie zdążyła ona jeszcze wsiąknąć w piach. Widok naprawdę zapierał dech w piersi. Natychmiast przemówił szczęk wyzwalanych migawek. Czasu, jak zwykle, było mało, zacząłem uwijać się jak w ukropie, by zrobić jak najwięcej zdjęć. Na pytanie, dlaczego tak się spieszę, odpowiedziałem: „Zobaczysz za piętnaście minut". Po wykonaniu serii zdjęć dzieci taplających się w błocie obiektywem długoogniskowym metodycznie skróciłem dystans i zmieniłem obiektyw na szerokokątny. Teraz miałem świat na dłoni. Dojrzałem piękną linię symetrii na horyzoncie, brakowało tylko elementu ożywiającego zdjęcie i mocnego punktu kompozycji. Zobaczyłem idących w stronę morza ludzi, a wśród nich dwie dziewczyny poruszające się zwiewnie i lekko jak w jakimś tańcu. Wycelowałem w nie aparat i zacząłem zbliżać się do nich, by precyzyjnie ustawić je w kadrze. Nie zmieniałem ogniskowej tylko skracałem dystans, idąc. Nagle zobaczyłem, że moje kroki powodują fale, które zaburzają lustrzane odbicia w wodzie. Musiałem szybko podbiec, wyprzedzić je i udawać, że fotografuję chmury i odbicia w wodzie, skadrować i czekać, aż wejdą w kadr. Kiedy osiągnęły właściwy punkt, zawołałem grzecznie, by się zatrzymały i nie wchodziły w kadr, bo fotografuję. Dzięki temu fale odchodzące od ich stóp rozeszły się. Potem grzecznie podziękowałem, dziewczyny ruszyły dalej jak gdyby nigdy nic, a mnie udało się zrobić zdjęcie. Po chwili z jeziora zostało kilka kałuż. Mój przyjaciel dostał tego dnia trzy lekcje – determinacji w realizowaniu zadań fotograficznych, sposobu taktycznego i szybkiego fotografowania tak zwanych uciekających zdjęć.

Sony SLT A99V | Carl Zeiss Vario-Sonnar® T* Sony, 16–35 mm, f/2,8 | ogniskowa 20 mm . ISO 200 . 1/500 s . f/8

To dość zaskakujące zdjęcie pozornie przedstawia dzikie i niedostępne miejsce, tymczasem są to takie australijskie Krupówki w parku narodowym, gdzie przyjeżdża mnóstwo turystów: bilety po piętnaście dolarów, osobny parking dla autokarów, setki Japończyków. Wszyscy fotografują. Pojawiłem się i ja, by zrobić zdjęcie dzikich ostępów. No cóż, w jakimś stopniu się to udało, gdybym nie opowiedział, jak to miejsce wygląda w rzeczywistości. Na szczęście udało mi się betonowe schody i metalowe barierki wyrzucić poza kadr. Osią każdego zdjęcia jest bowiem pomysł. Założyłem, że zdjęcie ma w sposób maksymalny ukazywać naturę, i rzeczywiście tak jest. Ale żeby pokazać jaskinię właśnie w ten sposób, trzeba się było nieco pogimnastykować. To typowy przykład zdjęcia w trybie HDR, trochę jednak innego, niż się zwykle w takich sytuacjach robi. Zdjęcie robiłem zwykłym popularnym aparatem z ręki, bez statywu. Aparat z włączonym trybem HDR wykonuje trzy ujęcia, następnie sam je skleja, tworząc gotowe, zoptymalizowane zdjęcie. Dlaczego o tym mówię? Bo w sytuacji, gdy jesteśmy w tłumie takich samych świrów fotografujących jak my, to zwykle nie ma czasu i miejsca, by rozłożyć statyw, swoje stanowisko fotograficzne, skupić się na wykonywaniu precyzyjnych pomiarów, fotografować ze zmienną ekspozycją. W wypadku współczesnych aparatów wystarczy na chwilę przystawić aparat do oka, skadrować zdjęcie i zwolnić migawkę – HDR zrobi się samo. Mówiąc to, strzelam sobie w stopę, bo deprecjonuję moje umiejętności fotograficzne, przypisując wszystko stwórcy i inżynierom, którzy wyposażyli aparaty w takie możliwości. Moja rola ograniczyła się jedynie do wyboru odpowiedniego trybu pracy i naciśnięcia migawki. Jednak nie do końca tak jest. Jak wspomniałem wcześniej, musiałem wykadrować schody, schować gdzieś barierki i już samo to wymagało pewnej mojej inwencji. Na tym powinienem skończyć z sarkazmem – prawda jest zupełnie banalna: by wykonać to zdjęcie, musiałem trafić na taki, a nie inny moment, w który pojawiło się światło w jaskini, i na tym polega najważniejsza moja rola jako fotografa. Nie na kwestiach sprzętowych, nie na konieczności podróżowania do najdzikszych zakątków świata, by powstało to zdjęcie. Jedyne, co musiałem zrobić, i naprawdę się do tego przyłożyłem, to czekanie na odpowiednie światło. Widząc, że nad wejściem do jaskini na niebie przetaczają się chmurzyska i na przemian raz słońce wychodzi, a raz się chowa, świecąc przy tym przez zmiennej gęstości chmury, musiałem zachować świadomość, że w każdej chwili wnętrze jaskini jest inaczej oświetlone. Wystarczyło poczekać na ten jeden odpowiedni moment i zrobić zdjęcie. Nie wspominam już o tym, że właściwie cały czas za moimi plecami kłębił się tłum fotografujących turystów, którzy popychali się nawzajem, a i mnie przy okazji.

Sony NEX-5 | Sony 16 mm, f/2,8 | ISO 400 . 1/15 s . f/5,6

Brazylia, to nie tylko piękne krajobrazy, dżungla czy wybrzeże, ale też zwykłe, postindustrialne miejsca jak choćby ta stara cegielnia, która pracuje jeszcze na pół gwizdka. Gdy widzę tego typu kominy, przypomina mi się okładka płyty Pink Floyd i słynna elektrownia w Londynie. Nie chciałem oczywiście kopiować pomysłu z okładki, jednak zafascynowało mnie to, że nagle właściwie z ziemi wyrasta pięć kominów, a dokoła nie ma nic – żadnej infrastruktury, pomijając oczywiście te baraki. Dymił tylko jeden komin i to mnie zadziwiło: jak to jest, że dymi tylko jeden? Wymyśliłem sobie, że trzeba to jakoś uwiecznić na zdjęciu. Użyłem obiektywu o jak najszerszym kącie. Nie dlatego, że brakowało mi odejścia, ale chciałem maksymalnie skrzywić geometrię kominów, by zbudować kadr trochę niecodzienny, nawet surrealistyczny. I skadrowałem obraz tak, by komin dymił w róg kadru, pozornie wbrew prawom fizyki. Gdy patrzymy na tę fotografię, zdaje nam się, że kominy stoją krzywo. By uzyskać ten efekt, wykorzystałem wadę obiektywów szerokokątnych. W tym wypadku użyłem obiektywu o ogniskowej 16 mm, podpiętego do pełnoklatkowej lustrzanki. Oczywiście zastosowałem też filtr polaryzacyjny, by zintensyfikować błękit nieba, tym bardziej że słonce było dość nisko nad horyzontem, a więc czas na robienie zdjęć – idealny. Powstało w ten sposób śmieszne zdjęcie, zrobione właściwie z niczego. W pewnej mierze to zabawa formą, a treść schodzi na drugi plan. Ale jeśli szukamy treści, to z pewnością zauważymy, że jest to jakaś stara cegielnia, która pracuje na jedną piątą mocy, a wokół niej panuje pustka. W ten sposób powstaje cały materiał, reportaż o pracy cegielni, o ludziach, którzy pracowali tam w sposób chyba nie do końca legalny. Trochę mi to przypominało wałbrzyskie biedaszyby, gdzie ludzie szukają węgla w dawno zamkniętych kopalniach. Podobnie było w tym miejscu – w zamkniętej cegielni ktoś nadal wypalał cegły.

Sony A900 | Carl Zeiss Vario-Sonnar® T* Sony, 16–35 mm, f/2,8 | ogniskowa 16 mm . ISO 200 . 1/200 s . f/9

To zdjęcie zrobiłem na wybrzeżu Australii. Przedstawia fragment szkieletu wieloryba, który nie był mały, ale żeby zobaczyć, jakie rozmiary miał naprawdę, musiałem pokazać go w jakieś skali. Poprosiłem więc kolegę, z którym podróżowałem, by stanął obok. Nie wiedział oczywiście, dlaczego robię mu zdjęcie, więc pozował najpiękniej jak umiał. Mnie tymczasem chodziło tylko o to, by tam zaistniał i pokazał, jak duża jest ta kość. Oczywiście jest tu pewna manipulacja, bo zdjęcie zrobione jest szerokim kątem, żeby pierwszy plan był mocno przerysowany, w perspektywie cień układa się w głąb kadru, a całość nabiera dynamiki. To wszystko było zamierzone, jednak mimo to widać, że to nie mała kostka, tylko fragment wielkiego wieloryba.

By postawić kropkę nad i, trzeba było poczekać na odpowiednie światło, chodziło przede wszystkim o jego kierunek, długość cienia i kolor. Z tak banalnego dla Australijczyków tematu można zrobić interesujące zdjęcie, do którego klucz jest prosty – temat może być banalny, sfotografować go jednak trzeba jak najbardziej spektakularnie, by zadziałało to na wyobraźnię widza.

Sony A900 | Carl Zeiss Vario-Sonnar® T* Sony, 16–35 mm, f/2,8 | ogniskowa 16 mm . ISO 100 . 1/60 s . f/5

Jadąc z ekipą Rajdu Dakar, ma się mnóstwo możliwości fotografowania. Uczestnicy rajdu, samochody i motocykle, zaplecze – wszystko jest niezwykle fotogeniczne. Ale obok trasy także wiele się dzieje. Zachwyca koloryt miejscowych krajobrazów, kibice, ich spontaniczny doping albo, z rzadka, małe zainteresowanie rajdem, za to bardzo intensywne własnymi sprawami. Dotarliśmy do miasteczka Fiambala na pustyni w Argentynie. Wszyscy, którzy choć w niewielkim stopniu mieli do czynienia z Rajdem Dakar, wiedzą, że Fiambala to miejsce przeklęte, pustynia, która się wznosi stromymi wydmami na wysokość dwóch tysięcy metrów, gdzie temperatury dochodzą do 50°C. Miejsce to z jednej strony osłaniają Andy, więc rzadko tu wieje, a jeśli już, to dmie tu wiatr gorący jak z pieca. Trafiłem tu na Argentyńczyków, którzy przyglądali się rajdowi, takich typowych argentyńskich kibiców.

Sony NEX-7 | Sony DT, 11–18 mm, f/4,5–5,6 | ISO 100 . 1/80 s . f/5,6

Kibicowanie w warunkach południowoamerykańskich wygląda zupełnie jak piknik: oni przyjeżdżają, jedzą, piją, śpią, znów jedzą, piją, śpią. Rajd tak na dobrą sprawę niewiele ich obchodzi, stanowi raczej okazję, by się spotkać i biesiadować. To przesympatyczni ludzie, aczkolwiek ze swoimi zasadami. Jedna z nich głosi, że jak cię częstują, to nie możesz odmówić, bo jeśli odmówisz, to w myśl zasady (obowiązującej i u nas) „Kto nie pije, ten kabluje", jesteś taki i owaki, obraziłeś jego matkę, żonę, teściową, a na końcu jego samego. Prowadzić może to do niesnasek, co samo w sobie nie jest może groźne, jednak jeśli chce się ich fotografować, trzeba się z nimi zbratać. To warunek konieczny, by w ogóle zrobić im zdjęcie. Zaproszenie oznacza, że trzeba się napić albo coś zjeść. Warto to wykorzystać, bo na Dakarze jak dają coś do zjedzenia, trzeba to spałaszować, nie wiadomo bowiem, kiedy będzie następny posiłek. Jedzie się cały dzień, a na pustyni sklepów nie ma. Jeśli chodzi o picie, to jest problem, bo w tych kufelkach nie ma wody, tylko wino. Kibice uważają, że wodę pije tylko bydło, dlatego Argentyńczycy gaszą pragnienie winem, w najgorszym razie lekko rozcieńczonym wodą. Uważają przy tym, że alkohol jest lepszy na upały. Jeżeli idziemy wzdłuż trasy i spotykamy co chwilę biesiadujących kibiców, a wszyscy oni nas częstują, to po pewnym czasie staje się to kłopotliwe. Na szczęście na pustyni nie ma alkomatów, zresztą gdy się jedzie po bezdrożach, żadne przepisy nie obowiązują, ale trzeba być bardzo twardym i uważać, by nie doprowadzić się do stanu, który stałby się dla nas niebezpieczny. Ja mam z tym zawsze problem, bo lawirowanie między tym, czego chcemy, a tym, co możemy, bywa niezwykle trudne.

Sony NEX-7 | Sony DT, 11–18 mm, f/4,5–5,6 | ISO 100 . 1/80 s . f/5,6

Trzeba się wykazywać ekwilibrystyką towarzyską, kulturą picia i umiejętnością wylewania za koszulę czy stwarzania pozorów, że dotrzymuje się im kroku. A wszystko po to, by zbliżyć się do takich ludzi jak uchwyceni na tych zdjęciach, by fotografować ich nie z ukrycia, z daleka, żeby nie polować na nich, lecz wejść w ich osobowość i z bezpośredniej odległości fotografować szerokim kątem w poczuciu pełnej akceptacji tego, co robimy. To bowiem daje gwarancję nieprawdopodobnych zdjęć. A dzięki temu, że fotografujemy szerokim kątem, możemy pokazać nie tylko portret, ale też jego szersze tło, umiejscowienie w przestrzeni, scenografii czy topografii. Te portrety mogą być wieloplanowe, wiemy, co jest na pierwszym, drugim czy trzecim planie. Zdjęcie, choć to tylko portret, opowiada jakąś historię. Na omawianych zdjęciach widać, że panowie na tej pustyni przebywają już kilka dni, nieźle się bawiąc i niczego sobie nie żałując.

To zdjęcie przywodzi mi na myśli fantastyczne wspomnienie z Brazylii. To była taka letnia, beztroska przygoda. Dla mnie Brazylia jest krajem, w którym żyją ludzie radośni, zawsze uśmiechnięci, zadowoleni z życia, niezależnie od sytuacji materialnej. Niektórzy z nich są bardzo bogaci, inni bardzo biedni, ale wszystkim do szczęścia wystarczy, że mogą coś zjeść i napić się, i że świeci słońce.

Jadąc tysiące kilometrów przez Brazylię, zawsze kierowałem aparat na tych ludzi, fotografowałem i rajd (bo z jego powodu tam byłem), i fantastyczne plenery, i Brazylijczyków. Tym razem zboczyłem nieco z drogi, bo zobaczyłem rzekę, w której kąpali się ludzie: dziewczynka chlapiąca się blisko brzegu, chłopak, który pływał, a także osoby na plaży. Fotografowałem dziewczynkę, która chodziła po pniu drzewa zanurzonym w rzece, skakała do wody i znów wchodziła na pień. W pewnym momencie zauważyłem kątem oka, że w kadr wchodzi dość potężna pani. Nadepnęła na pień, który uniósł się do góry, i wtedy dziewczynka wystrzeliła w powietrze jak z katapulty.

Na pierwszym planie znalazła się pani w kapeluszu z wzorem flagi Brazylii na tle błękitnego brazylijskiego nieba, na dole widzimy żółtą, zamuloną od czerwonej brazylijskiej ziemi rzekę, w tle unosi się główna bohaterka, a w wgłębi, w wodzie, chłopiec, który zamyka kadr. To ciekawa kompozycja zarówno pod względem kolorystycznym (dominuje tu niebieski i żółty, a taka właśnie jest Brazylia), jak i z powodu interesującego układu postaci.

Dzięki filtrowi polaryzacyjnemu na obiektywie mogłem o wiele lepiej wyeksponować kolory.

Sony A900 | Carl Zeiss Vario-Sonnar® T* Sony, 16–35 mm, f/2,8 | ogniskowa 16 mm . ISO 100 . 1/320 s . f/4,5

Zmęczeni zawodnicy podczas Rajdu Dakar mogą wydawać się mało fotogeniczni w porównaniu z fotograficzną atrakcyjnością ich rozpędzonych pojazdów, jednak ich postacie fantastycznie oddają atmosferę, jaka towarzyszy trudom tego rajdu. By skomponować interesujący kadr, posłużyłem się obiektywem szerokokątnym. Na pierwszym planie znaleźli się śpiący motocykliści, a wokół wszystko to, co działo się obok nich. Dominujący pierwszy plan pozwolił pokazać, jak wyglądają, jak są ubrani, jak śpią. Na drugim planie widzimy wojskowy autobus i żołnierzy, którzy mają chronić zawodników. Na trzecim planie, w dalekiej perspektywie majaczy pustynia Atakama. Nad piaskami, w prawym górnym rogu pojawia się unoszący się w powietrzu helikopter. I to jest clou tego zdjęcia.

Wykorzystałem fakt, że obiektyw pozwala zarejestrować bardzo szeroki plan, więc można zobaczyć całą topografię otoczenia głównych bohaterów. Tak komponowałem obraz, by zmieścić na nim bardzo ważne elementy: zarówno zmęczonych motocyklistów, którzy choć śpią, są w każdej chwili gotowi do startu, jak i ochronę rajdu zniecierpliwioną już długim oczekiwaniem na start. W oddali pojawiają się zwiastujące ten start helikoptery.

Układanka planów zdradza nam pewną historię tego, co się wydarzyło, ale też historię plastyczną obrazu. Wydaje się to oczywiste, wymaga jednak od fotografa analitycznego spojrzenia, a przede wszystkim świadomości, co chce pokazać. Pod tym względem nie można liczyć na szczęście. W moim przypadku dokładnie tak to wyglądało. Zobaczyłem leżących motocyklistów i wiedziałem, że to zdjęcie choćby z powodu tematu byłoby ciekawym dokumentem. Ale chodziło też o to, by pokazać na jednej fotografii znacznie więcej. Szukałem wzrokiem czegoś prócz motocyklistów. Z tyłu, za nimi stał wojskowy autobus, a obok żołnierze, którzy niejako czuwają nad zawodnikami. Brakowało mi jednak pointy. Z daleka usłyszałem narastający szum lecących helikopterów. Pomyślałem sobie, że byłoby świetnie, gdyby taki helikopter wleciał w kadr. Czekałem więc na ten najważniejszy moment, w którym zwolnię migawkę. Doczekałem się.

Dochodzi jednak do tego jeszcze jedna, pozornie od fotografa niezależna kwestia – światło. Oświetlenie, mgła, kolory pustyni, atmosfera – czyli wszystkie te elementy, na które na ogół nie zwracamy uwagi. Fotograf musi jednak brać je pod uwagę, bo dopiero zebrane razem tworzą odpowiednią aurę i będzie je można zobaczyć także na zdjęciu.

Sony A900 | Carl Zeiss Vario-Sonnar® T* Sony, 16–35 mm, f/2,8 | ogniskowa 16 mm . ISO 100 . 1/80 s . f/7,1

To jeszcze jedno zdjęcie przedstawiające zmęczonych zawodników. Dwóch kierowców quada sfotografowałem w trakcie oczekiwania na opóźniony start. Na zdjęciu znalazł się niewielki fragment maszyny, mający jedynie zasygnalizować, kim są fotografowani ludzie. Jeden z nich klęczy pochylony, jakby się modlił, drugi śpi skręcony w nienaturalny sposób. To zresztą jest najlepszy przykład na to, że człowiek ekstremalnie wyczerpany może spać w każdej pozycji, nawet na stojąco. Daleko w tle, poza głębią ostrości widać jakąś nierozpoznawalną postać, która zamyka kadr od góry. Dzięki jej obecności odkrywamy, że quadowcy nie są sami na pustyni, lecz wszystko jest pod kontrolą, są obserwowani. Zdjęcie zostało zrobione lekkim teleobiektywem o ogniskowej 200 mm, dzięki czemu pierwszy plan jest ostry, a wszystko, co poza nim, pozostaje rozmyte, co daje ciekawy efekt plastyczny.

Zastanawiałem się, czy nie użyć obiektywu standardowego, ale stwierdziłem, że ponieważ w tle nie ma nic, co by mnie zainteresowało, obiektyw o ogniskowej 200 mm będzie najlepszy.

Jak znaleźć czas na to, by dobrać odpowiedni obiektyw do fotografowanej sytuacji? Właściwie czasu nie ma, ale najbardziej fascynujące jest to, że muszę podejmować decyzje tuż przed naciśnięciem migawki i oczywiście ponosić konsekwencje swoich wyborów, bo najczęściej okazje się nie powtarzają. Umysł fotografa musi działać jak komputer, ponieważ patrząc na scenę, trzeba przeanalizować, jaka ma być przysłona, ogniskowa, czułość i perspektywa patrzenia, należy też szybko zdecydować, czy fotografuje się prostopadle do motywu, czy pod wybranym kątem. Musimy wiedzieć, czy użyjemy długiego czasu naświetlania, dzięki czemu uzyskamy rozmycie elementów ruchomych, czy zamrozimy ruch przy krótkim czasie otwarcia migawki.

Tych elementów, które potocznie nazywamy językiem obrazu, jest naprawdę dużo, a fotograf musi je wszystkie przeanalizować, by na koniec podjąć ostateczną decyzję.

Fotografia reportażowa zmusza nas zarówno do wysiłku intelektualnego, jak i fizycznego. A jeśli do tego jesteśmy podróżnikami, to jeszcze musimy zagłębiać się we wszystkie aspekty związane z miejscem, w którym gościmy. Poznajemy ludzi, ich obyczaje i zachowania, topografię miejsca, pogodę. Dzień takiego fotografowania to naprawdę duży wysiłek. Czy to jest łatwe? Nie jest i niewielu fotografów to potrafi. Na początku mojej działalności też nie zwracałem na to wystarczająco bacznej uwagi. Z czasem jednak rosła moja świadomość i dziś dostrzegam wagę wszystkich elementów języka obrazu, i staram się syntetyzować je w moich zdjęciach.

Sony A900 | Sony 70–200 mm, f/2,8 | ogniskowa 160 mm . ISO 100 . 1/160 s . f/4

Tę fotografię zrobiłem w piękny słoneczny dzień, pierwszy w ciągu tygodnia mojego pobytu w Nepalu. Choć wcześniej wydawało mi się, że tutaj słońce świeci zawsze i nigdy nie pada, to na miejscu okazało się, że jest inaczej. Słońce jednak już się ukazało, więc wybrałem się w plener. Temat tego zdjęcia, choć egzotyczny, jest banalny. Stara kobieta skulona w jakimś przysiadzie pracuje w polu. Pole było wielkie, kobieta drobna, a pracy ogrom – starczy na wiele dni. W mojej głowie zrodziło się pytanie: „Jak ją niebanalnie sfotografować?". Już sam jej wygląd wydał mi się atrakcyjny fotograficznie: kobieta jest egzotyczna, plener fascynujący, mamy znakomite zdjęcia. Ale banalne. Szukałem innego podejścia do tematu niż grupa, z którą tam byłem. Zrobiłem dziesiątki zdjęć, wykorzystując to dobrodziejstwo fotografii cyfrowej, że na karcie pamięci można zmieścić ich tysiące, zupełnie inaczej niż kiedyś, gdy film miał trzydzieści sześć klatek i musiał wystarczyć na długo. Dziś fotograf ma nieprawdopodobny komfort psychiczny – może robić bardzo dużo zdjęć, aż do zapełnienia karty. I należy robić ich mnóstwo, a potem je analizować. Im więcej zdjęć zrobimy, tym większego nabieramy doświadczenia.

Zrobiłem kobiecie kilka czy kilkanaście portretów, ale wciąż nie byłem zadowolony z efektu. Pomyślałem, że najbardziej interesujące są jej spracowane ręce, a nie otoczenie. Najlepsza do tego była żabia perspektywa patrzenia, tak by pokazać kobietę na tle błękitnego nieba i zielonych drzew. Zdecydowałem się na obiektyw szerokokątny, co sprawiło, że ręce na pierwszym planie stały się uwypuklone i przerysowane. Uzbrojony w taki pomysł na zdjęcie zacząłem maszerować w stronę kobiety, pilnując jednocześnie kierunku, z którego pada światło. Podchodziłem coraz bliżej i bliżej, cały czas fotografując. Z malutkim aparacikiem, a nie wielką profesjonalną lustrzanką, byłem z pewnością postrzegany jako turysta, nie zaś fotograf. Aparat NEX z obiektywem Zeissa 24 mm doskonale pasował do tej strategii. Podszedłem do kobiety i nagle okazało się, że moja koncepcja zrobienia jej zdjęć z bliska uruchomiła ciąg zdarzeń, które spowodowały, że pani wyciągnęła ręce z ziemi i podniosła je do głowy. Gdy zrobiłem jeszcze krok w jej kierunku, kobieta odchyliła się do tyłu z jakąś emocją – uśmiechem czy pretensją. Cały czas robiłem zdjęcia, oczywiście seryjne. W ostatnim podejściu zrobiłem serię siedmiu klatek i to z nich wybrałem prezentowane zdjęcie, na którym udało mi się stworzyć syntezę – spracowane, pomarszczone ręce, mimika twarzy, zmarszczki, uśmiech, ciekawa kompozycja, barwy, faktury. Obiektyw Zeissa w połączeniu z NEX-em doskonale nadaje się, by pokazać wszystkie te elementy w sposób perfekcyjny.

Warto zwrócić uwagę na kierunek światła. Nie jest przypadkowy, to był mój wybór. Jak już wspomniałem, idąc w kierunku kobiety, tak się ustawiałem, by wybrać najlepszy kąt widzenia i perspektywę. Wiedziałem, że w naturalnym odruchu będzie się odwracała twarzą w moim kierunku. Intuicja mnie nie zawiodła, a dzięki niej powstało zdjęcie, które z pozoru jest banalne, ale w rzeczywistości nie stanowi dzieła przypadku tylko wynik metodycznego działania.

Sony NEX-7 | Sony Zeiss E, 24 mm, f/1,8 | ISO 100 . 1/1000 s . f/4,5

To zdjęcie ma osobliwą historię. Przyjechałem do Chitwan w Nepalu, jednego z najstarszych i najatrakcyjniejszych parków narodowych. Podobno żyją tu słonie, nosorożce i tygrysy, choć nikt ich nie widział. Odbyliśmy dwie wycieczki po parku narodowym, lecz poza tresowanymi słoniami nic nie widzieliśmy. Przybywając do Chitwan, wielu z nas ostrzyło sobie zęby, gdyż liczyliśmy na zdjęcia dzikiej przyrody i nieoswojonych zwierząt. Tak na dobrą sprawę nie było co tam fotografować, więc po raz kolejny w Nepalu zacząłem robić portrety. Nepalczycy bardzo chętnie pozwalają się fotografować, oczywiście za stosowną opłatą, w przeciwieństwie do Hindusów, którzy już tacy chętni nie są. Zrobiłem więc portret Nepalczyka, poganiacza słoni, w dość zaskakującym miejscu. Jakieś dziesięć metrów od mojego pokoju hotelowego znajdowało się coś w rodzaju stajni dla tresowanych słoni. Na początku wydawało mi się, że to bardzo nieszczęśliwy zbieg okoliczności, bo nie pachniało tam zbyt przyjemnie, za budynkiem znajdowała się wielka góra słoniowych odchodów, a moje okno na nią właśnie wychodziło. Pomyślałem jednak: „Dwie noce dam radę". Okazało się później, że to prawdziwy fart. Przechodząc koło tej cuchnącej góry, chciałem porobić trochę zdjęć i zobaczyłem, że wśród słoni są poganiacze, ludzie, którzy się nimi opiekują. Podszedłem do nich, nawiązaliśmy rozmowę, nabili fajkę świętym zielem, żeby się troszeczkę rozluźnić, a wtedy ja zacząłem robić zdjęcia. Okazało się to strzałem w dziesiątkę. Byłem pod jakąś wiatą, za plecami czułem trąby słoni, a przed sobą miałem poganiacza, który znajdował się pod niepodzielnym wpływem świętego ziela. Podszedłem do niego, fotografując NEX-em z obiektywem o ogniskowej 24 mm z odległości metra. Wycelowałem szerokokątny obiektyw prosto w jego twarz i fotografowałem, on zaś był już nieco przytępiony. Patrząc na jego twarz, pomyślałem sobie, że ten widok to coś niesamowitego, pewnie nie uda mi się zrobić takiego zdjęcia w przyszłości; taka okazja się nie powtórzy. Głębia ostrości była bardzo mała i obejmowała tylko jego oko. Zastosowałem pełny otwór przysłony, by tło rozmyło się w pięknym bokeh. Poganiacz wyszczerzył zęby, łypiąc okiem, a jego twarz przybrała wyraz niczym z horroru, choć w istocie to niezwykle sympatyczny człowiek. To kolejne miejsce, gdzie Nepalczyków można sfotografować rozweselonych używkami. I tak właśnie udało mi się zrobić zdjęcie tuż obok hotelu, podczas gdy cała grupa zajmowała się wszystkim, tylko nie fotografowaniem.

Sony NEX-7 | Sony Zeiss E, 24 mm, f/1,8 | ISO 125 . 1/60 s . f/2,2

70 55
4.5-6.3/55-210

3 WIDZIANE Z DALEKA

To, co trudno uchwycić obiektywem szerokokątnym, znacznie łatwiej zarejestrować, gdy używa się obiektywu długoogniskowego. Oczywiście nie jest to jedyna zaleta tych obiektywów. Pozwalają one patrzeć na świat z zupełnie innej perspektywy, niedostępnej dla ludzkiego oka; zobaczyć wycinek rzeczywistości niejako wyodrębniony z szerokiego planu. Taki sposób fotografowania wymaga dyscypliny przy budowaniu kompozycji, a jednocześnie umiejętności wyboru najbardziej interesującego fragmentu. Obiektyw długoogniskowy doskonale sprawdza się podczas fotografowania detali lub szerokich planów z wykorzystaniem skrótów perspektywy, perspektywy powietrznej i małej głębi ostrości – a one dają nieograniczone możliwości kreacji obrazu.

Tego dnia na redzie w Świnoujściu miała się odbyć parada morskich żaglowców. Wychowałem się nad morzem, więc wszystko, co z nim związane, wywołuje u mnie dreszcz emocji. Żaglowce same w sobie są pięknym i wdzięcznym tematem do fotografowania, ale z rozwiniętymi żaglami, ozdobione promieniami słońca – stają się czymś szczególnym. Mając tego świadomość, cały dzień zastanawiałem się, jak je sfotografować. Pod słońce czy ze słońcem? Było to istotne dlatego, że decyzję mogłem podjąć tylko raz, a potem już nie dało się jej zmienić, ponieważ musiałem wybrać miejsce albo na jednej wyspie, albo na drugiej, przepływając na nią promem. Każde z tych rozwiązań miało wady i zalety. Po długim namyśle i zadręczeniu wszystkich znajomych swoimi wątpliwościami zdecydowałem, że będę fotografować pod słońce, z drugiej wyspy. Tak też zrobiłem. Po przybyciu na miejsce o zaplanowanym czasie stwierdziłem, że to był dobry wybór. Majestatyczne sylwetki ze strzelającymi w niebo masztami przesuwały się w moim wizjerze. Robiłem zdjęcie za zdjęciem. Ale co tam żaglowce. Spojrzałem w kierunku zachodzącego słońca i zobaczyłem tłum gapiów zgromadzonych na falochronie, nieprawdopodobnie podświetlony promieniami słońca. Ich głowy wyglądały, jakby płonęły żywym ogniem. Trzeba było tylko to sfotografować. Problem sprawiał dystans między mną a tymi ludźmi – dobre kilkaset metrów. Jak zrobić zdjęcie ludzi z płonącymi włosami na tle ogromnej kuli światła? Potrzebowałem długiego obiektywu. Więcej: potrzebowałem bardzo długiego obiektywu, a nawet dłuższego. Miałem taki, bo zawsze staram się zabierać go ze sobą. Wyjąłem z torby swój zoom 70–400 mm, przykręciłem do aparatu, spojrzałem w wizjer i stwierdziłem, że to wciąż za mało. Zastanawiałem się, co robić, ale na takie niezapowiedziane okoliczności mam w torbie (nie zawsze, ale teraz miałem) konwerter zwiększający ogniskową dwukrotnie. A to już było coś. Taki zestaw nie jest może optycznie najlepszej jakości, ale i tak jest mniejszy i tańszy od obiektywu o ogniskowej 800 mm. Tak wyposażony raz jeszcze zajrzałem w celownik aparatu – to było to. Zacząłem robić zdjęcia. Żaglowce przepływały mi przed nosem, a ja skupiłem się na oślepiającym słońcu i rozpalonych głowach gapiów, cały czas starając się wychwycić taki moment, kiedy uzbiera się ich najgęstszy tłum, kiedy słońce schowa się wystarczająco głęboko za linię drzew, aby przestało skutecznie oślepiać, tworząc przepalenia i halacje w kadrze. W takich warunkach można najłatwiej sprawdzić zalety wizjera elektronicznego. Pozwala on bowiem ujrzeć obraz takim, jakim rejestruje go matryca aparatu. Trzeba również kontrolować czas otwarcia migawki. Przy takiej ogniskowej najlepiej pracować ze statywem. Jeśli fotografujemy z ręki, należy przyjąć bardzo stabilną pozycję i delikatnie wyzwolić migawkę, najlepiej w trybie zdjęć seryjnych. Oczywiście im krótszy czas, tym lepiej, ale nie powinno się stosować czasów krótszych niż 1/4000 s, jeśli nie ma się doświadczenia z takimi obiektywami. Po kilku minutach było już po wszystkim. Słońce schowało się za drzewami, czupryny przestały płonąć, a świat znów stał się szary i banalny. Prognoza zapowiadała deszcze.

Sony A99V | Sony G SSM, 70–400 mm, f/4–5,6, 2 × konwerter | ISO 800 . 1/4000 s . f/11

Zachody słońca są słodkie, czasem tak bardzo, że aż mdli, dlatego też wielu uważa je za kiczowate. Czasem warto spróbować tę słodycz uzupełnić ciekawym rozwiązaniem wizualnym. W wakacje nad morzem tłumy ludzi wylegają na plażę, by przyglądać się, jak czerwona kula chowa się za horyzontem. Widok to z jednej strony mistyczny i zawsze hipnotyzujący obserwatorów, a z drugiej zupełnie oczywisty. Każdy wtedy bierze do ręki aparat i fotografuje. Ale co? Większość ludzi, nie zastanawiając się nad tym za bardzo, kieruje obiektyw w stronę słońca i liczy w duchu, że aparat sam zarejestruje atmosferę tej magicznej chwili. Ale na matrycy aparatu nie zapiszemy wszystkiego, co odbierają nasze zmysły. Nie zarejestrujemy dźwięku, zapachu, ciepła ani powiewu wiatru. Uchwycimy tylko obraz, czyli mały wycinek tego, co odczuwamy. Jeśli chcemy, by obraz miał silny przekaz emocjonalny, musimy użyć odpowiednich środków wyrazu. Ta teza dotyczy fotografii w ogóle, ale na przykładzie banalnego tematu łatwiej ją przedstawić.

Przebywałem na plaży w lipcowy wieczór. Słońce chyliło się ku zachodowi, błyskały flesze, ludzie starali się nie zasłaniać sobie nawzajem słońca. Dla mnie nadszedł moment koncentracji, jako że na interesujące zdjęcie zawsze brakuje czasu. A ciekawe są zawsze tylko krótkie chwile, trzeba się więc z aparatem znaleźć we właściwym czasie i miejscu. Zanim słońce zbliżyło się do horyzontu, zrobiłem wiele zdjęć, wykorzystując długie cienie. Fotografowałem wspomnianych urlopowiczów i szerokie pasaże morskie, jednocześnie obserwując i szukając tematu na tę najważniejszą chwilę. Mój wybór padł na pale wbite w dno i siedzące na nich ptaki. Akurat tego dnia nic lepszego nie przyszło mi do głowy. Przygotowałem wiec obiektyw 400 mm i wybrałem takie miejsce, gdzie przez pale mogłem widzieć słońce wpadające do wody. Zacząłem robić zdjęcia. Na pierwszym planie miałem pale w oświetleniu sylwetkowym, na drugim – rozżarzoną kulę. Nie byłem zadowolony, choć tego dnia słońce zachodziło pięknie. Jakoś nie mogłem zrobić zdjęcia, które wybijałoby się ponad banalność kompozycji i kadru. Kątem oka dostrzegłem, że ktoś wypłoszył siedzące na palach ptaki. Poderwały się do góry, zatoczyły koło i na nowo usiadły na palach. Zobaczyłem wtedy ciekawą kompozycję rytmiczną: pusty palik, ptak, pusty palik, ptak. Wycelowałem więc obiektyw w to właśnie miejsce – wyglądało całkiem dobrze. Jeszcze tylko pierwszy plan chciałem zgrać z drugim tak, by słońce zachodziło między ptakami na środku kadru. Wszedłem do wody i czekałem. Słońce tymczasem zaczęło przybierać dziwne formy, z kuli zamieniło się w placek. „To dobrze – pomyślałem – to kolejny element łamiący oczywistą formę". Fotografowałem, ale brakowało mi zgodnych kierunków spojrzeń mew, a one kręciły się nerwowo. Nagle ujrzałem, że ustawiają się w jednym kierunku, profilem do mnie. Słońce tymczasem znajdowało się już na granicy widzialności nad horyzontem – to był ostatni moment na zrobienie zdjęcia. Nacisnąłem spust migawki. Oczywiście wcześniej dobrze się przygotowałem, aby przez głupie niedopatrzenie nie stracić szansy na udane ujęcie. Ustawiłem automatykę aparatu na P. Aparat sam rozpoznał, że mam długi obiektyw, i tak dobrał czas otwarcia migawki, by zdjęcie nie było poruszone. ISO ustawiłem na Auto, by w razie konieczności aparat zwiększył czułość do poziomu gwarantującego użycie krótkiego czasu. Światłomierz miałem ustawiony tak, by mierzył ekspozycję z jasnych partii obrazu, a pierwszy plan był w oświetleniu sylwetkowym. Cały czas widziałem w elektronicznym wizjerze, jak aparat radzi sobie z ekspozycją i kolorem. Gdyby więc było coś nie tak, zawsze mogłem wprowadzić korektę. Poszło dobrze, jedyny problem stanowiły moje mokre spodnie.

Sony A900 | Sony Reflex, 500 mm, f/8 | ISO 400 . 1/500 s . f/8

Oto kolejny przykład wykorzystania możliwości obiektywów o skrajnie długiej ogniskowej, a zwłaszcza o konstrukcji lustrzanej. Spacerowałem sobie z przyjaciółmi po porcie w centrum Triestu, celebrując przy okazji kończące się lato. Było popołudnie, weekend, ulice roiły się od ludzi, panowała wspaniała, sielska atmosfera, więc robiłem dużo zdjęć: scenki rodzajowe, portrety, cumujący w porcie ogromny wycieczkowiec, architekturę, portowe kawiarenki itd. Po całym dniu fotografowania i poznawania miasta trudy wycieczki zaczęły dawać mi się we znaki. Przewidując zmęczenie, zabrałem ze sobą mały, lekki aparat bezlusterkowy i moją nową zabawkę, jeszcze wtedy utajnioną, prototypową Alphę 99. Tak naprawdę to dla niej przyjechałem do Włoch, aby przetestować i sprawdzić możliwości nowego aparatu. Do większości zdjęć, które chciałem zrobić, zaplanowałem użycie standardowego zooma. Jednak przeczuwając, że słońce będzie zachodzić bezpośrednio nad wodą, schowałem do torby asa, czyli obiektyw lustrzany. Istotnie, tego dnia zachód słońca był przepiękny. Bezwietrzna pogoda, spokojne morze, lekka mgiełka unosząca się na niebie – istna magia. Na pożegnanie słońca na portowe główki molo wyległy tłumy ludzi. Zabrałem się do pracy. Fotografowałem zachodzące słońce poprzez sylwetki osób znajdujących się na pierwszym planie, przenosiłem ostrość z pierwszego planu na drugi i z drugiego na trzeci, bawiłem się głębią ostrości. Fotografowałem ze słońcem, pod słońce i bokiem do niego. Rejestrowałem romantyczne sceny zakochanych gapiów pozdrawiających przepływające łodzie. Cały czas jednak nie byłem zadowolony z moich zdjęć. W żaden sposób nie umiałem oddać klimatu tamtego miejsca. W końcu zrezygnowany usiadłem na kei, na chwilę zapomniałem o zdjęciach, oddałem się przyjemności rozmowy ze znajomymi i oglądania tego słonecznego widowiska. Słońce schodziło wciąż niżej i niżej, a jego blask coraz bardziej przygasał w kontakcie z zamgleniem. Wtem na horyzoncie dostrzegłem samotnego kajakarza. Natychmiast doznałem olśnienia i sięgnąłem do torby po mój obiektyw 500 mm. W wyobraźni widziałem już ogromną kulę słońca, płonącą wodę i cień sylwetki wioślarza. Wiedziałem, że dzięki zastosowaniu ekstremalnie długiej ogniskowej, skrótowi perspektywy i naturalnej winiecie, jaką daje konstrukcja obiektywu lustrzanego, dam radę to zdjęcie zrobić. Jednak żeby było ostre, musiałem zastosować bardzo krótki czas otwarcia migawki. Zważywszy, że z każdą chwilą stawało się coraz ciemniej, a mój obiektyw miał jedyną dostępną przysłonę o wartości aż 8, zdałem sobie sprawę, iż krótki czas otwarcia migawki mogę osiągnąć wyłącznie dzięki bardzo dużemu zwiększeniu czułości. Ustawiłem zatem 12 500 ISO, choć zrobiłem to z pewną obawą. Przy takiej czułości jakość obrazu z reguły znacznie się pogarsza, zresztą do niedawna nawet do głowy by mi nie przyszło, żeby przy takiej czułości robić zdjęcia. W końcu zawsze za wysokie czułości uważałem mieszczące się w przedziale między 800 a 3600 ISO. Ale przecież trzymałem w ręku jeden z najnowocześniejszych aparatów, a Japończycy obiecali, że to działa. Ustawiłem w aparacie, co trzeba, i wycelowałem go w stronę słońca. Wyostrzyłem na wioślarzu i jeszcze raz skontrolowałem w wizjerze parametry ekspozycji. Sprawdziłem też, czy obraz nie jest za jasny lub za ciemny, a czas otwarcia migawki wystarczająco krótki, aby zdjęcie nie wyszło poruszone. Ponownie skadrowałem i czekałem, aż wioślarz znajdzie się idealnie pod czerwoną kulą słońca. Wtedy nacisnąłem spust migawki. Dopiero po tym dźwięku byłem zadowolony ze swojej pracy. Satysfakcję miałem naprawdę ogromną.

Sony A99V | Sony Reflex, 500 mm, f/8 | ISO 12 500 . 1/5000 s . f/8

Obiektyw o ogniskowej 500 mm i konstrukcji lustrzanej ma kompaktowe rozmiary i małą masę, więc mogę zabierać go zawsze ze sobą. Ta długa ogniskowa daje duży skrót perspektywy i małą głębię ostrości, a także w oryginalny sposób rozmyte tło, co wynika z jego konstrukcji optycznej, a właściwie układu luster.

Przebywałem w Anglii nad jeziorem, o idealnej porze do robienia zdjęć, a więc tuż po zachodzie słońca, gdy cienie są głębokie, a światło miękkie, o specyficznym kolorze. Był koniec czerwca, kiedy dni są długie. Obserwowałem spokojne lustro wody i unoszące się na nim łódki wędkarskie – taki sielankowy obrazek. Wiedziałem jednak, że gdy sfotografuję go takim wyjątkowym obiektywem, mogę osiągnąć bardzo interesujący efekt fotografii formalnej, ale też fotografii detalu. Na pierwszym planie znalazła się łódeczka z niebieskim pokładem na tle lazurowej wody, której powierzchnia była bardzo gładka, działała więc jak lustro i wszystko się w niej odbijało, w tym żółta łódka. Całość uchwyciłem w dużym skrócie perspektywy i ze specyficznym rozmyciem tła, co sprawiło, że obraz stał się bardzo malarski.

Sony SLT A77V | Sony Reflex, 500 mm, f/8 | ISO 1600 . 1/500 s . f/8,0

Przyjrzyjmy się temu samemu motywowi, ale uchwyconemu innym obiektywem. Ogniskowa była dwa razy mniejsza, ale za to przysłona miała wartość f/2,8. Dzięki temu uzyskałem szerszy plan, przy czym udało mi się zachować małą głębię ostrości wynikającą nie tyle z długiej ogniskowej, ile z dużego otworu przysłony. Obniżyłem perspektywę widzenia i zdjęcie zrobiłem z poziomu nabrzeża. W ten oto sposób zrobiłem dwa skrajnie różne zdjęcia. Oczywiście różnica nie polega tylko na tym, że łódka jest zwrócona dziobem do obiektywu, ale raczej na tym, że widz dostrzega więcej, bo pozwala na to szeroki kadr. Poprzez formę kadru otrzymujemy inne zdjęcie. Tamten kadr był hermetyczny, ciasny, formalny – przedstawiał detal łódki, na tym mamy szeroki plan z wykorzystaniem fizycznej degradacji obrazu wynikającej z zastosowania innego obiektywu.

Sony SLT A77V | Sony G, 70–200 mm, f/2,8 | ogniskowa 200 mm . ISO 250 . 1/320 s . f/2,8

Będąc w Nepalu, miałem okazję sfotografować opiekuna słoni w czasie relaksu podsycanego działaniem świętego ziela. Tamto zdjęcie zrobiłem obiektywem szerokokątnym z bardzo bliska w sytuacji, która dla mnie była zupełnym zaskoczeniem. Teraz musiałem się zmierzyć z kwestią ciekawego przedstawienia świętego mędrca w trakcie rytualnych czynności. Zauważyłem go w Pokharze, na brzegu jeziora Phewa Tal w czasie uroczystości religijnych. Wyalienowany, spokojnie sobie medytował. Podszedłem do niego z aparatem i nienachalnie zacząłem się krzątać, by zrobić zdjęcie. Zamierzałem w ten sposób wyczuć, czy mędrzec ów nie będzie miał nic przeciwko jego fotografowaniu. Nie miałem w planie wywoływania afery – w końcu było święto i chciałem to uszanować. Ale ku mojemu zdziwieniu ów człowiek okazał się być bardzo otwarty, nawiązała się między nami nić porozumienia. Odniosłem wrażenie, że w innym wymiarze był chyba również fotografem. W tym momencie asceta wyjął fajkę i zaczął ją nabijać. Dla mnie był to sygnał do poważniejszego potraktowania sprawy. Szybko założyłem teleobiektyw, aby wyizolować sylwetkę z tła. Użyłem ogniskowej 135 mm, pragnąc maksymalnie skrócić dystans dzielący mnie od modela. Nie chciałem, aby pomiędzy nim a mną wciąż przechodzili ludzie. Duży otwór przysłony ułatwił mi rozmycie tła. Buchały gęste dymy z fajki. Fotografowałem w trybie zdjęć seryjnych, żeby zarejestrować niuanse dymu kłębiącego się wokół twarzy mężczyzny. Aparat rejestruje to, czego ludzkie oko nie da rady wychwycić. Niestety nie byłem zadowolony ze zdjęcia dymu, było go bowiem zbyt mało, by był efektowny. Kręciłem głową, przeglądając zdjęcia na ekranie aparatu. A co tymczasem zrobił mój model? Ze zrozumieniem i pokorą nabił kolejną fajkę. Wykonałem więc następną serię zdjęć. Wyglądały lepiej – właściwie byłem z nich zadowolony. Wokół mnie zaczęli się kłębić gapie. To dobry pretekst, by skrócić dystans. Postanowiłem ukazać starca na jeszcze bliższym planie, uwydatnić detale twarzy na zbliżeniu. Fotografowałem. *Holy baba* zapytał, czy chcę spróbować mistycznego doznania lewitacji i pokonać grawitację. Cóż za pytanie. Fajka została nabita po raz kolejny i przypalona przez świętego. Teraz już zupełnie z bliska zrobiłem serię zdjęć. Zarejestrowałem na zdjęciu ledwie obecną twarz w oparach siwego, kłębiącego się dymu. Teraz przyszedł czas na mnie – słowo się rzekło, musiałem więc być wobec mojego modela fair. Paląc faję, robiłem wszystko, by się nie zaciągać. Krztusiłem się. Zupełnie nie miałem wtedy ochoty na latanie. *Holy baba*, śmiejąc się, odebrał mi faję i pokazał, jak należy się technicznie porządnie zaciągnąć. Wziął głęboki wdech i... wtedy skończył się nasz kontakt, a raczej jego styczność ze mną i z całym światem. Mędrzec chwilowo się wyzwolił. Pro forma podziękowałem za miłą współpracę i zająłem się trzeźwą oceną sytuacji na jeziorze, bo miałem jeszcze sporo ciekawych zdjęć do zrobienia.

Sony SLT A77V | Carl Zeiss ZA Sonnar T* Sony, 135 mm, f/1,8 | ISO 200 . 1/1250 s . f/2

Czy odpoczywając na plaży pełnej ludzi, topiąc się w promieniach słońca, można zrobić ciekawe zdjęcie? Jeśli chodzi o mnie, to nawet trzeba. Nie należę do tych, którzy potrafią godzinami leżeć bez ruchu. Każdy przejaw aktywności jest wskazany, zwłaszcza w Skandynawii, kiedy temperatura wody studzi ochotę na sporty wodne. Na szczęście na plaży wiele potrafi się dziać i tematów na fotografie nie brakuje. Jednak jest to miejsce, gdzie fotografować należy subtelnie i z wyczuciem, aby nie zakłócać czyjejś prywatności. Dobrym rozwiązaniem w takich sytuacjach jest stosowanie długiej ogniskowej. W gęstym tłumie łatwo jest o zróżnicowanie planów na zdjęciu. Można w prosty sposób bawić się głębią ostrości i selektywnie wybierać co ciekawsze tematy, zamykając je w ciasne ramy kadru. Oczywiście im dłuższy obiektyw, tym łatwiej i lepiej. Jest tylko jeden szkopuł. Pojawienie się na plaży osobnika z wielkim obiektywem zaraz alarmuje otoczenie. Kto to? Oczywiście podglądacz, bo jak ktoś się gapi z bliska, to nie jest podglądaczem, tylko przyjacielem rodziny stęsknionym widoku bliskich. Nie namawiam do nachalnego fotografowania osób, które sobie tego nie życzą, ani do podglądania aparatem czyjejś prywatności. Przeciwnie, uważam, że to, co, jak i kiedy fotografujemy, jest oznaką naszej kultury. Zawsze należy uszanować to, że ktoś nie życzy sobie zdjęć, oraz spytać, czy można tę osobę sfotografować. Tak czy siak, jeśli nawet na plaży fotografujemy muszelki czy mewy, to pokazując się z długim obiektywem stajemy się bohaterami mimo woli. Pod taką presją ciężko się robi zdjęcia, jeszcze ktoś może piaskiem w oczy sypnąć albo gorzej. Moim dobrym sposobem na niezwracanie na siebie uwagi jest obiektyw lustrzany. Mimo iż ma imponującą ogniskową, to jego wielkość jest porównywalna ze standardowym zoomem.

Tak wyposażony kompletnie nie zwracam na siebie uwagi i fotografuję, co popadnie. Sikające na ręczniki pieski, aktywności sportowe, kolorowe parasolki, piwo w różnych stanach skupienia i przetworzenia. Tuż nad brzegiem morza zauważyłem atrakcyjną plażowiczkę, co mnie zainspirowało. Chciałem zrobić taką pocztówkę w stylu retro, czarno-białą, z rozmazanym tłem, ozdobioną blikami słońca na wodzie przetworzonymi przez lustra obiektywu w zalotne kółeczka. Fotografowałem z daleka i mentalnie przeniosłem się na Lazurowe Wybrzeże w epokę, kiedy Sophia Loren jeszcze nie wiedziała, że się urodzę. W zasadzie to nikt nie wiedział. Kadr był ciasny i plastyczny, dokładnie taki jak chciałem. Nagle w tle pojawiła się plama w postaci sylwetki. Przeostrzyłem obiektyw na drugi plan i zobaczyłem, że trafiłem na wschodnie wybrzeże USA na progu XXI wieku. Ujrzałem kobietę, która robiła zdjęcia. Była zupełnym przeciwieństwem mojego pierwszego planu. Ot, takie pierwsze, może nawet zbyt prostolinijne skojarzenie. Chciałem usunąć ją z kadru, ale nagle zobaczyłem piękne kompozycyjnie zdjęcie. Sylwetka na pierwszym planie dzięki nieostrości zyskała aurę zwiewności i nierealności. A moja pani w tle dzięki temu zderzeniu była przesycona realizmem. Poza dziewczyny idealnie ułożyła się po przekątnej kadru, jej głowa z lewej strony ramki i kierunek spojrzenia wskazywały na kobietę w tle po prawej stronie. Wyzwoliłem migawkę. Miałem to zdjęcie, co bardzo mnie ucieszyło.

Sony SLT A99V | Sony Reflex, 500 mm, f/8 | ISO 200 . 1/500 s . f/8

To zdjęcie zrobiłem podczas Rajdu Dakar w Chile na pustyni Atakama, mniej więcej w połowie jego trwania. Uchwyciłem ten moment, kiedy wszyscy, którzy biorą udział w rajdzie, odczuwają już zmęczenie. Minął tydzień ścigania się w ekstremalnych warunkach, znużenie widoczne jest wyraźnie na twarzach. Piszę o tym, dlatego że jest to motyw przewodni wielu moich zdjęć z Dakaru. Sytuacja, w której przyszło mi fotografować, nie zdarza się zbyt często, jednak jest niezmiennie bardzo stresująca dla wszystkich. Start kolejnego odcinka specjalnego opóźniał się z powodu złych warunków atmosferycznych. Atakama należy do najsuchszych miejsc na ziemi, ale ze względu na jej położenie różnica temperatur między nocą a dniem wywołuje zamglenia i sprawia, że chmury znajdują się nisko, co uniemożliwia start helikopterów, które chronią zawodników. Tak więc start odcinka specjalnego został wstrzymany, nie podano przewidywanej jego godziny. Wybudzeni, przepełnieni adrenaliną zawodnicy zmuszeni byli do biernego oczekiwania na start, i to nie wiadomo jak długo – godzinę, dwie, może trzy. Czekaliśmy wszyscy na opadnięcie mgły, by jazda po pustyni, zwłaszcza przy dużych prędkościach, była bezpieczna.

To był widok niesamowity, niecodzienny i bardzo fotogeniczny, wokół miejsca startu zgromadzili się motocykliści, quadowcy, kierowcy samochodów osobowych i ciężarówek. Zwykle start odbywa się dość płynnie, teraz jednak powstał korek. Adrenalina, która towarzyszy zawodnikom przed startem, nie znajdowała ujścia; ludzie byli zdekoncentrowani i rozbici, a jednocześnie – mimo kilku godzin snu – zmęczeni. Zobaczyłem motocyklistę w pełnym rajdowym rynsztunku, opartego o koło ogromnej ciężarówki. Ten widok był bardzo fotogeniczny. Zadałem sobie pytanie: „Jak zrobić zdjęcie, by oddać ten moment w sposób jak najbardziej widowiskowy?".

Posłużyłem się pewnym wybiegiem technicznym: postanowiłem zrobić portret człowieka, który w swoim stroju i na tle koła wyglądał jak kosmonauta. Użyłem do tego teleobiektywu o ogniskowej 400 mm, co spowodowało skrócenie perspektywy i spłaszczenie planu. Koło samochodu zdaje się wciągać opartą na nim postać. Mogłem oczywiście sfotografować go z bliska obiektywem standardowym albo nawet szerokokątnym, ale nie udałoby mi się wtedy osiągnąć zamierzonego celu. Pozostało tylko wyczekać na odpowiedni moment, gdy zmęczony i zrezygnowany kierowca popatrzy gdzieś za horyzont, a jego twarz wyrazi te wszystkie emocje, które mu towarzyszą.

Skrót perspektywy jako zabieg techniczny pojawia się na wielu moich zdjęciach. Bardzo lubię stosować skrajne wartości ogniskowych obiektywów, wychodząc z założenia, że wszystko, co wymyka się poza standardowe widzenie oka, może się stać dla widza interesujące.

Ludzkie oko patrzy na świat jak obiektyw standardowy, do takiego oglądu rzeczywistości jesteśmy przyzwyczajeni. Kąt widzenia naszego oka także odpowiada mniej więcej kątowi widzenia takiego obiektywu. Wszystko to, co widzimy w zniekształceniu (teleobiektywu lub szerokiego kąta), jest dla naszego mózgu dodatkowym bodźcem. Takie postrzeganie świata jest zaskakujące i nienaturalne. Chętnie jednak z tych skrajnych wartości korzystam, by tworzyć obrazy, które zaskakują.

Sony A900 | Sony G SSM, 70–400 mm, f/4–5,6 | ogniskowa 400 mm . ISO 400 . 1/500 s . f/5,6

To zdjęcie dowodzi, że nie miejsce czy sytuacja, lecz dobry pomysł jest kluczem do zrobienia ciekawej fotografii. Nie wiem, jakie są pierwsze skojarzenia, gdy na nie patrzy osoba postronna – opowieści może być wiele. A historia jego powstania jest zupełnie banalna. To kolejka do kasy biletowej do muzeum w Bombaju, gdzie ludzie przyjeżdżają, by zobaczyć, jak żyli bogacze i maharadżowie, popatrzeć na pamiątki, zabytki i luksusowe dzieła sztuki. My też staliśmy w kolejce, a ponieważ fotograf nie znosi nudy, zacząłem w tym oczekiwaniu omiatać wzrokiem to, co się wokół nas działo. Zauważyłem ludzi, którzy stali w kolejce, ich twarze, tak różnorodne, niesamowite, że postanowiłem zrobić im zdjęcia. Założyłem obiektyw, zoom 70–400 mm, specjalnie długi, by po pierwsze fotografować tych ludzi z dystansu, a po drugie uzyskać odpowiednią perspektywę, głębię ostrości i plastykę zdjęcia.

Przyczaiłem się z obiektywem, stając z boku, i zacząłem tych ludzi podglądać, wyszukując ciekawe kompozycje złożone z rozmaitych twarzy. Kompozycje z różną głębią ostrości, z różnym punktem ostrzenia: na pierwszej twarzy, drugiej, trzeciej. Szukałem, a w końcu znalazłem optymalny kadr. W ten sposób upiekłem dwie pieczenie na jednym ogniu: zabiłem nudę oczekiwania w kolejce do muzeum, a ponadto – co najważniejsze – zrobiłem bardzo ciekawe zdjęcie, wykorzystując pomysł, wiedzę, jaką daje mi znajomość sprzętu, na którym pracuję, jego możliwości technicznych i fizycznych, umiejętność stosowania odpowiednich parametrów: przysłony, głębi ostrości, światła. W ten sposób powstało zdjęcie, które nie jest banalne, ale nie powstało w jakichś szczególnych okolicznościach. Wyłowienie tych niesamowitych twarzy z tłumu zawdzięczam sztuce obserwacji i kadrowania. Zawsze trzeba patrzeć fotograficznie i widzieć świat w jego pięknie i brzydocie, dostrzegając zaskakujące sytuacje. Nie muszę dodawać, że żaden element na tym zdjęciu nie jest przypadkowy. Wybrałem sobie grupę ludzi, którzy było odpowiednio oświetleni, słońce nie padało na nich ostro, z dużym, trudnym do zarejestrowania na matrycy kontrastem, lecz opromienieni byli światłem miękkim. Kolejka przesuwała się dość szybko, więc i warunki zmieniały się cały czas. Ale jak wypatrzyłem tego starszego pana w środku, postanowiłem poczekać, aż grupka przesunie się do przodu i stanie w lepszym świetle niż na początku.

Sony SLT A55V | Sony G SSM, 70–400 mm, f/4–5,6 | ogniskowa 400 mm . ISO 800 . 1/500 s . f/5,6

Tego dnia panowała piękna, słoneczna pogoda, a na wybrzeżu niedaleko miasta Lquique w Chile wznosiły się ogromne fale.

Fale oceaniczne mają niepowtarzalny urok i właśnie ich widok zainspirował mnie do zrobienia zdjęcia pełnego dramatyzmu i dynamiki, choć nic złego akurat się nie działo. Widzimy na nim fale typowe dla tych szerokości geograficznych i warunków pogodowych. Zrobiłem kilka zdjęć, lecz nie byłem nimi usatysfakcjonowany. Same fale są może interesujące, ale ich fotografie nie opowiadają o niczym. Zauważyłem jednak bawiące się na plaży dzieci. Pomyślałem, że zrobię zdjęcie, którego wymowa będzie taka jak tutaj – wielka fala naciera na dziecko biegnące w jej kierunku. Fale nie były aż tak wielkie, by dziecko było w jakikolwiek sposób zagrożone, musiałem więc użyć jakiejś sztuczki, chcąc osiągnąć pożądany efekt.

Najprostszym rozwiązaniem było zastosowanie skrótu perspektywy, który dają obiektywy długoogniskowe. W związku z tym użyłem najdłuższej dostępnej mi ogniskowej, czyli 400 mm, dzięki czemu osiągnąłem bardzo dobry skrót. Jednocześnie położyłem się na piasku, żeby zrobić zdjęcie z żabiej perspektywy. Celowałem w bawiącego się chłopca, na niego też ustawiłem ostrość, tak by nacierająca fala była rozmyta.

Niska perspektywa patrzenia, skrót perspektywy, a do tego mała głębia ostrości – wszystko to spowodowało, że otrzymałem zdjęcie, jakiego oczekiwałem. Na dodatek w tym czasie było bardzo dobre światło – fotografowałem pod słońce, miałem więc dobre oświetlenie kontrowe. Na koniec pozostał tylko ostatni warunek do spełnienia, by zdjęcie było udane – znalezienie odpowiedniego momentu, interesującej sytuacji. Ustawiłem aparat na tryb zdjęć seryjnych i fotografowałem z szybkością siedmiu klatek na sekundę. Czekałem na jak najbardziej ekspresyjną pozę chłopca zsynchronizowaną z nacierającą w tle falą. Czasu miałem niewiele, bo – wciąż to podkreślam – w fotografii podróżniczej, gdy ciągle jesteśmy w ruchu, na komfort powolnego fotografowania nigdy nie ma czasu. Jednak udało mi się uchwycić moment wystarczająco interesujący, by móc zaprezentować to zdjęcie.

Sony A550 | Sony G SSM, 70–400 mm, f/4–5,6 | ogniskowa 400 mm . ISO 100 . 1/2500 s . f/5,6

To zdjęcie stanowi syntezę fotografii formalnej, dokumentalnej, przyrodniczej, jak również portretowej. Przedstawia ono dwie sympatyczne główki australijskich pelikanów. Można sfotografować tego ptaka byle jak, można w sposób klasyczny, przyrodniczy, można też ująć go w sposób typowo formalny jak na tym zdjęciu. Na dobrą sprawę nie interesuje mnie pelikan – ani jeden, ani drugi – lecz układ linii, faktura upierzenia, dzioba, kolor, schemat plam barwnych, które ukształtowała przyroda. Na pierwszym planie znalazł się ostry pelikan, na drugim zaś rozmyty ptak jest jakby powtórzeniem pierwszego, ale z dziobem skierowanym pod innym kątem. Kompozycja układa się diagonalnie – linia dziobu pelikana wyznacza dokładnie przekątną. Gdybyśmy mieli połączyć linie oczu, to tworzące je czarne kropki poprowadziłyby nasz wzrok do ciemniejącego tła. I tak ze zwykłego przyrodniczego zdjęcia pelikana, który nie dość, że zanieczyszczał teren, to jeszcze był tak namolny, że wciąż dopominał się, by rzucić mu coś do jedzenia, można zrobić zdjęcie formalne, geometryczne. W Australii pelikany zachowują się jak gołębie na krakowskim rynku – przylatują całymi stadami na wybrzeże, usiłują dostać od wędkarzy cokolwiek, co można włożyć do dzioba, i podejrzewam, że są już tak leniwe, iż zupełnie nie chce im się polować. Dzięki temu jednak są wdzięcznym materiałem do fotografowania. W tym wypadku uchwyciłem je obiektywem 300 mm, podchodząc w miarę blisko, tak by się nie przestraszyły. Biorąc pod uwagę niewielkie rozmiary głowy pelikana, „blisko" oznacza zaledwie kilka metrów, i to przy maksymalnej odległości ogniskowania. Od samego początku założyłem, że zdjęcie ma tak wyglądać, chciałem uzyskać taki efekt, zrobić podwójny portret pelikanów, by oddziaływał na widza geometrią, fakturą i kolorem. Chodzi wszak o to, by każdemu zdjęciu, które robimy, nadać indywidualny charakter. Nie ma sensu robić takich zdjęć, jakich tysiące znajdziemy w Internecie. Oczywiście mogłem uchwycić pelikana w sposób typowy, pokazując, jak wygląda w całości. Takie zdjęcia też wykonałem, ale nie byłbym sobą, gdybym nie znalazł rozwiązania odbiegającego od standardu. Wciąż podkreślam, że przy takich zdjęciach przydaje się doświadczenie zdobyte podczas uprawiania innych gatunków fotografii.

Sony SLT A55V | Sony G SSM, 70–300 mm, f/4,5–5,6 | ogniskowa 300 mm . ISO 100 . 1/250 s . f/5,6

Wspomniałem już, że pelikanom zrobiłem też zdjęcia bliższe stereotypu, ale i te wykonałem po swojemu. Oto przykład. Chodziłem po wybrzeżu, aż zobaczyłem coś, co mnie rozbawiło – pelikan stał na słupie w wodzie i wyglądał trochę jak godło egzotycznego państwa. Za nim znajdował się następny słup z pelikanem i jeszcze jeden. Ptaki fantastycznie się tutaj ustawiły, kierując dzioby pod różnymi kątami. Gdy to dostrzegłem, zaświtała mi myśl, jak to można sfotografować. Wziąłem długi obiektyw i ruszyłem w drogę, by odnaleźć skalę odwzorowania, a zarazem takie miejsce, gdzie te słupy się na siebie nakładały. Chciałem zrobić zdjęcia, zachowując dużą głębię ostrości, tak by pelikany były ostre i czytelne. Uważam, wbrew temu, co sądzą niektórzy, że dobry obiektyw to nie ten, co rozmywa najintensywniej, nie startujemy wszak w konkursie o najbardziej rozmyte tło. Ono jest również elementem kompozycji i musi być czytelne lub nie – w zależności od intencji fotografa. Gdy znalazłem właściwe miejsce, skadrowałem obraz, skróciłem czas otwarcia migawki, by zyskać pewność, że zdjęcie nie będzie poruszone. Teraz pozostało mi tylko czekanie. Na co? Na przykład na chmury na niebie. Miałem do wyboru: albo zdjęcie będzie szare i bez wyrazu, albo pojawią się na nim obłoki, ciemniejsze i ołowiane, tak by biel ptaków stała się bardziej wyrazista. Czekałem też na odpowiedni moment, kiedy trzy ptaki w sposób naturalny zapozują mi do zdjęcia. W końcu pierwszy z nich przybrał postawę jak z godła – suszył sobie skrzydła, więc robił to cały czas, ale nieustannie kręcił głową i za każdym razem przyjmował mniej lub bardziej odpowiadającą mi albo komiczną pozę. Pelikany w tle też musiały odpowiednio się ustawić. Czekałem, aż każdy z nich odwróci główkę w inną stronę. Takie detale wydają się błahe, ale trzeba zwracać na nie uwagę, a to wymaga komponowania kadru i zdecydowania, w którym momencie nacisnąć spust migawki, by uzyskać wymarzone zdjęcie. Fotograf może wszystko zaplanować, a jeżeli nawet nie, to przynajmniej bardzo wiele zauważyć i wykorzystać to w swoich zdjęciach. W ten sposób powstał prawdziwy potrójny portret ptaków.

Sony SLT A55V | Sony G SSM, 70–300 mm, f/4,5–5,6 | ogniskowa 250 mm . ISO 125 . 1/250 s . f/5

Sony SLT A99V | Sony Reflex, 500 mm, f/8 | ISO 4000 . 1/500 s . f/8

Trudno pominąć ważną dla wielu kwestię fotografii portretowej wykonywanej obiektywem długoogniskowym, i to w jej najbardziej ekstremalnej postaci, czyli o dużej jasności. Dla wielu to jedyny obiektyw odpowiedni do tego celu. O tym, czy jedyny, dyskutowałbym, ale zgadzam się w pełni z tym, że bardzo ciekawy i użyteczny.

W środku lata na polskim wybrzeżu w Wolinie od dawna organizowany jest zlot wszystkich pasjonatów średniowiecza w jego awangardowym, nordyckim wydaniu. Tego roku, gdy wikingowie wszystkich krajów świata najechali Wolin, turyści najechali wikingów, a na wszystkich spadł potop – niewykluczone, że z powodu mojego przyjazdu. W końcu wszędzie, gdzie zamierzam zrobić zdjęcia, zaraz nadciąga front atmosferyczny. Miałem piękne wizje zdjęć z połyskującą w słońcu zbroją. Tymczasem stałem na jednej nodze w tłumie gapiów, krawędź parasolki sąsiada kłuła mnie w oko, a z innej strumyk lał się prosto na moją głowę. Wszyscy czekaliśmy, aż wikingowie nadejdą i zaczną się okładać mieczami oraz toporami. Ze względów bezpieczeństwa byliśmy znacznie oddaleni od centrum wydarzeń, czyli od rozpędzonej dzidy i oderwanej od trzonka siekiery. Zabrałem dwa aparaty. Jeden z długim obiektywem, a drugi... z bardzo długim. Dlaczego tak? Bo każdy z nich ma inną plastykę. Jeden jest obiektywem lustrzanym, ciemnym i o bardzo długiej ogniskowej, a drugi superjasną portretówką o średniej ogniskowej. Dzięki takiemu wyborowi mogłem zrobić zupełnie rożne zdjęcia.

Czekaliśmy w tym deszczu. W końcu przyszli. Dwie armie ruszyły na siebie. Poleciały drzazgi, zęby, deklaracje przyjaźni i łzy. Nikt się nie oszczędzał – to było naprawdę imponujące widowisko, zwłaszcza dla dzieci. Robiłem bardzo dużo zdjęć. Przekładałem aparaty w rękach, co chwilę biorąc inny. Fotografowałem w planach bliskich i szerokich. W końcu nie wytrzymałem kłucia parasolką w oko i ruszyłem przez barierki na plac boju. Po krótkiej pyskówce ze średniowiecznymi ochroniarzami wzbudziłem ich zaufanie. Widocznie uznali mnie za wikinga ze względu na moją niewyparzoną gębę. Wmieszałem się w tłum, ciesząc się w duchu, że w boju nie biorą udziału łucznicy. Fotografowałem krótkimi seriami w trybie zdjęć seryjnych. Wybrałem bardzo wysoką czułość, bo potrzebowałem krótkich czasów otwarcia migawki. Autofokus ustawiłem na śledzenie, a punkt ostrzenia na środek kadru – końcu to ja decyduję, kto ma być ostry na zdjęciu, a kto nie. W razie czego pod palcem miałem blokadę AF, dzięki czemu mogłem zatrzymać ostrość i przekadrować zdjęcie, jeśli trzeba, bez jej utraty. Okropnie lało, co chwilę wycierałem przednią soczewkę papierową chusteczką, która jest do tego najlepsza. Cierpiałem nie mniej od tych, co pogubili hełmy. Nadszedł koniec bitwy, żelazo przestało fruwać w powietrzu, nastał czas na pokój i śpiewy. To dobry, bezpieczny moment, aby skrócić dystans. Doskoczyłem z obiektywem portretowym do bliskich planów. Przysłona była prawie pełna, mała głębia ostrości, a dzięki dużej matrycy w aparacie plastyka zdjęcia wyśmienita. Wiedząc o tym, kadrowałem specjalnie tak, by mieć dwa, trzy a nawet więcej planów. Powietrze przesycone było wilgocią, a światło ponure – klimat zaiste średniowieczny. Technikę zdjęć miałem pod kontrolą, musiałem tylko wykazać się umiejętnością chwytania właściwego momentu. Starałem się rejestrować różne sceny: bólu, zmęczenia, triumfu, załamania, a nawet humorystyczne. W jednym miejscu i w jednym czasie zrobiłem skrajnie rożne zdjęcia. Byłem z siebie dumny jak wiking po najechaniu wioski i podobnie mokry.

Sony SLT A99V | Carl Zeiss ZA Sonnar T* Sony, 135 mm, f/1,8 | ISO 800 . 1/800 s . f/2,2

OFF ON
ISO
WB
FINDER/
LCD
AVCHD Progressive SteadyShot INSIDE
P
A
S
M

4 | CHWYTAJ CHWILĘ

W fotografii reportażowej, portretowej czy ulicznej czasem elementem ważniejszym od perspektywy i wykorzystania właściwej plastyki jest refleks fotografa i umiejętność zarejestrowania decydującego momentu. Ale tylko wtedy będziemy do końca zadowoleni z naszego polowania, kiedy postaramy się do naszego zdjęcia wprowadzić jak najwięcej elementów języka obrazu. Żeby jednak chwila, którą chcemy zarejestrować, nie umknęła, trzeba jeszcze co najmniej dwóch ważnych elementów.

Po pierwsze aparat fotograficzny trzeba zawsze mieć przy sobie. Nie rozstawać się z nim nawet wtedy, gdy idziemy rano po bułki do sklepu. Ja się tej zasady twardo trzymam. Bez aparatu nie ruszam się nigdzie, a ponieważ technika nadąża za moimi potrzebami, mogę mały, poręczny aparat schować do kieszeni, a jednocześnie mieć pewność dobrej jakości zdjęć.

Po drugie nie mniej ważny element sukcesu to technicznie udane zdjęcie. Ułatwi nam to umiejętna praca z automatyką aparatu. Zawodowcy zalecają pracę w trybach manualnych. Często jednak im bardziej doświadczony fotograf, tym większy i bardziej skomplikowany ma aparat. Taki paradoks. Profesjonaliści raczej niechętnie korzystają z potencjału tkwiącego we współczesnym sprzęcie, a ja chyba nie chcę być takim zawodowym fotografem. Świadomie wybieram małe, lekkie aparaty, pracuję na trybach automatycznych, daję się skusić nowinkom, posługuję się wszystkim tym, co oferuje współczesna technika – po to, by łatwiej się fotografowało. Gdy podróżuję i wiem, że w dane miejsce pewnie już drugi raz nie zawitam, chcę robić jak najwięcej zdjęć i zyskać pewność, że jak przykładam aparat do oka i robię zdjęcie, to będzie ono technicznie udane. Korzystam z automatyki i wcale nie przejmuję się tym, że sam ustawiam się w szeregu fotografów amatorów, a nie zawodowców, bo mnie w fotografii nie chodzi o etykietki, lecz o to, co jest na moich zdjęciach i jak wygodnie mi się fotografuje.

Jeśli nosimy przy sobie aparat, to na efekty nie musimy długo czekać – sytuacja wypatrzona przy osiedlowym sklepie była zupełnie przypadkowa. Brakuje tylko koszyka w psich zębach, ale pewnie wtedy nikt by nie uwierzył w naturalność tej sceny, obok której zwykle przechodzimy obojętnie. Jednak fotograf nawet z tak banalnego zdarzenia może stworzyć interesujące zdjęcie. Jak powstało to? Szedłem, zobaczyłem psa, wyciągnąłem aparat, przyłożyłem do oka, skadrowałem, nacisnąłem spust i ruszyłem dalej. To było zwykle, intuicyjne działanie: wszystkie ustawienia automatyczne, ale pod kontrolą fotografa, tak by od strony technicznej nie popełnić błędu. Na zdjęciu widać spory szum, bo warunki oświetleniowe były nie najlepsze. Aby nie poruszyć zdjęcia, musiałem zaakceptować automatyczne zwiększenie czułości. Czarno-białe jest ono nie bez powodu. Mogło być kolorowe, ale stwierdziłem, że barwa byłaby tu zbędna, a czerń i biel nada mu wymiar fotografii dokumentalnej, reportażowej z dawnych lat. W naszej świadomości fotografia dokumentalna to bowiem zdjęcia czarno-białe. Wspomniany zaś szum po konwersji koloru stał się przyjemnym dla oka ziarnem.

Sony A700 | Sony DT ZA Vario-Sonnar®, 16–80 mm, f/3,5–4,5 | ogniskowa 50 mm . ISO 800 . 1/60 s . f/4,5

Nepal jest równie malowniczy, co tajemniczy. Bieda zderza się tam z bogatymi przybyszami z Europy i Dalekiego Wschodu. Przyjeżdża mnóstwo turystów, ale spotyka się też bardzo dużo miejscowych sprzedających na straganach pamiątki. Trudno w tym harmidrze znaleźć coś niebanalnego, co wymykałoby się poza stereotypowe myślenie o Nepalu. Wystarczy jednak wejść w boczne uliczki, omijane szerokim łukiem przez turystów, bo nic się tam nie dzieje, nie ma straganów czy świątyń. A tam właśnie toczy się normalne życie. Penetrowanie takich miejsc to moje ulubione zajęcie podczas podróży. Schodzenie z głównych szlaków turystycznych i zagłębianie się w życie pozwala uzyskać najbardziej interesujące efekty fotograficzne.

Chodząc bocznymi uliczkami Katmandu, blisko głównego placu Tundikhel na starym mieście, nagle zobaczyłem bawiące się dzieci. U nas dzieci spędzają czas przed komputerami, a tam wykorzystują to, co mają, choćby nadmuchaną dętkę rowerową, tak jak my bawiliśmy się trzydzieści lat temu. Zauważyłem chłopca, który biegł z kółkiem i patyczkiem w ręku w moim kierunku. W tym momencie podjąłem błyskawiczną decyzję, że zrobię zdjęcie. Oczywiście fotografowi, który robi zdjęcia z ukrycia, trzymając aparat przy biodrze, trudno jest aranżować scenę, zwłaszcza że Nepalczyk nie mówi ani po angielsku, ani po polsku i raczej nie da się nawiązać z nim porozumienia. Muszę po prostu chwytać scenę na gorąco. Jestem na takie sytuacje przygotowany; aparat w odpowiednim trybie pracy, czyli zdjęcia seryjne, autofokus ciągły, a zatem zdaję się na automatykę aparatu i jego walory techniczne. Cały czas jednak kontroluję czas otwarcia migawki. Powtarzam to jak mantrę, ale 80% nieostrych zdjęć to wina poruszenia, a nie sprzętu, na jakim pracujemy. A przecież zależy nam na ostrych zdjęciach. Z całej serii wybrałem to jedno, moim zdaniem najlepsze, na którym zarejestrowałem pierwszy i drugi plan, a jednocześnie uchwyciłem odpowiednie ułożenie chłopca, harmonię toczącego się koła i patyczka, kroku i odstającej ręki, mimiki twarzy. Gdybym zrobił zdjęcie pojedyncze, nie udałoby mi się zebrać tych wszystkich elementów na jednej fotografii. W każdym razie byłoby mi trudniej i musiałbym liczyć bardziej na szczęście niż na swój refleks. A tak mam zdjęcie, które spełnia wszystkie moje oczekiwania. A szczęście to i tak miałem, że byłem świadkiem takiej sceny, ja tylko mu pomogłem.

Sony NEX-7 | Carl Zeiss ZA Sony, 24 mm, f/1,8 | ISO 400 . 1/160 s . f/2,5

Tym razem to nie burza mnie zainteresowała. Będąc w Stanach, zapisałem się na różnego rodzaju zajęcia w szkole publicznej, by bliżej poznać Amerykanów, ich kraj i język. Ta szkoła znajdowała się w Santa Monica, do niej każdego dnia z przyjemnością chodziłem, a jednocześnie delektowałem się powrotami brzegiem oceanu. Jednak tego dnia akurat do szkoły nie trafiłem, poszedłem na najzwyklejsze wagary. Idąc na zajęcia, zauważyłem coś niesamowitego, jakąś koszmarną mgłę, chmury – aurę, która w większej mierze przypominała mi listopad w Polsce niż kalifornijskie wybrzeże. Decyzja mogła być tylko jedna. „Zrywam się ze szkoły" – pomyślałem. A ponieważ noszę przy sobie aparat, ruszyłem na spotkanie z tym zjawiskiem. Pierwsze kroki skierowałem w stronę plaży, bo stwierdziłem, że tam będzie ono najlepiej wyglądało. Myślałem, że może sfotografuję jakieś palmy nad wodą we mgle albo coś innego, tymczasem podchodząc bliżej brzegu oceanu, zobaczyłem mnóstwo surferów ujeżdżających imponującej wielkości fale.

W tym momencie poczułem się fatalnie – zmartwiony i rozbity, bo jeśli tematem mieli być surferzy, to ja nie mam ze sobą teleobiektywu. Miałem tylko taki standardowy zoom 16–80 mm i małą lustrzankę cyfrową, co zwykle zupełnie mi wystarczało do robienia przyzwoitych zdjęć. Sytuacja nie była komfortowa, ale trudno, trzeba sobie radzić. Ponieważ nie miałem teleobiektywu, zdecydowałem, że będę fotografował w szerszym planie, i to był bardzo dobry pomysł. Kiedy wyszło słońce, które przebijało się przez chmury jak przez prześcieradło, takim miękkim światłem, ja ustawiałem się pod słońce i wtedy spieniona woda rozjaśniała się, i na tle ciężkich ołowianych chmur zaczynała świecić. Jedyny sposób na skrócenie dystansu stanowiło wejście do wody, co jednak było dosyć niebezpieczne. Kilka razy fale zakpiły sobie ze mnie. Zrobiłem to zdjęcie, choć niedosyt pozostał. Okropnie zmarznięty postanowiłem powtórzyć sesję.

Mądry Polak po szkodzie. Następnego dnia też oczywiście nie poszedłem do szkoły, tym razem jednak miałem już ze sobą profesjonalny telezoom 70–400 mm i profesjonalną lustrzankę. Przyjechałem w to samo miejsce robić zdjęcia – tyle tylko, że tym razem nie było takiego światła jak wczoraj, a sceneria – zupełnie zwyczajna. Mając świetny sprzęt, będąc przygotowanym do fotografowania zmagających się z falami surferów, mimo usilnych starań zrobiłem najwyżej dobre, ostre zdjęcia, ale nic spektakularnego. Bo po takich chmurach, mgle i falach, jakie napotkałem poprzedniego dnia, pozostało ledwie wspomnienie. I to jest dowód na to, że nie sprzęt decyduje, jakie zrobimy zdjęcia, lecz warunki podczas fotografowania. Ta fotografia to przykład efektu niskiego klucza. Wykorzystując oświetlenie, tak sfotografowałem scenę, aby sprawiała wrażenie nocnej. Pomiar ekspozycji ustawiłem na światła, a w postprodukcji zwiększyłem kontrast oraz ściemniłem zdjęcie, a następnie dodałem niebieski filtr. O sukcesie zdecydował jednak pomiar światła.

Sony SLT A55V | Carl Zeiss DT ZA Vario-Sonnar® T* Sony, 16–80 mm, f/3,5–4,5 | ogniskowa 80 mm . ISO 100 . 1/2000 s . f/5,6

S*treet photo* na ulicach Szanghaju. Byłem wyposażony w lekki, mały bezlusterkowiec, bez żadnych toreb czy plecaków. Czułem się jak kot na porannych łowach. Zauważyłem taką sytuację: na skrzyżowaniu, na światłach zatrzymali się rowerzyści, a jeden z nich wiózł olbrzymie lustro. Gdy to zobaczyłem, od skrzyżowania dzieliła mnie spora odległość. Scena tak mnie zaciekawiła, że musiałem ją sfotografować. Kompletnie nie przejmując się powagą sytuacji i zapominając o swoim wieku, ruszyłem biegiem w kierunku skrzyżowania, aby tylko zdążyć przed odjazdem rowerzystów. Dobiegłem na odległość, z której mogłem już zrobić zdjęcie, a udało mi się to w ostatniej chwili, gdy rowerzyści z piskiem opon ruszyli spod świateł. Oczywiście nie było czasu na zabawę guziczkami w aparacie. Zdjęcie zrobiłem z przyłożenia na pełnym trybie automatycznym.

Skorzystałem z tego, że aparat, który miałem, wyposażono w matrycę o rozdzielczości 24 megapikseli. Choć niektórzy powiadają, że to za dużo, zupełnie się z nimi nie zgadzam. Mimo wysiłków i starań nie udało mi się podejść tak blisko, by zrobić czysty kadr, wykonałem więc takie zdjęcie, jakie mogłem. Mając duży zapas rozdzielczości, potem je skadrowałem, nie rezygnując z dobrej jakości. To zaleta współczesnych aparatów o bardzo dużej rozdzielczości, że w takiej awaryjnej sytuacji możemy ze zdjęcia wyciąć fragment, mimo to uzyskując obraz dobrej jakości. Oczywiście wybór czerni i bieli z lekkim odcieniem sepii to hołd złożony leicowym fotografom, którzy fotografię reportażową rozsławili, dysponując małym, lekkim aparatem małoobrazkowym. Dokładnie tak jak ja kilkadziesiąt lat później wykonywali takie migawkowe zdjęcia z biodra. Oni wtedy robili to na filmach czarno-białych, ja dzisiaj aparatem cyfrowym. Mentalnie oddaję im cześć, fotografując zgodnie z ich zamysłem.

Co jest ważne w takiej sytuacji? Byśmy zawsze byli gotowi do strzału. Aparat nawet musi być zawsze włączony, gotowy do natychmiastowego użycia. Musimy bacznie obserwować nasze otoczenie, przytomnie analizować sytuację i przewidywać jej rozwój. Ale do tego powinniśmy być wypoczęci i pozbawieni zbędnych kilogramów ekwipunku. Gdybym kierował się zaleceniami, które pojawiają się na forach internetowych i głoszą, że zawodowcy powinni pracować w trybach manualnych, posługiwać się dużymi profesjonalnymi aparatami i ciężkimi, jasnymi obiektywami, pewnie nie zdążyłbym nic zrobić, a zmęczony po kilku godzinach zwiedzania miasta myślałbym tylko o kuflu zimnego piwa.

Sony NEX-3 | Carl Zeiss E ZA Sony, 24 mm, f/1,8 | ISO 200 . 1/4000 s . f/2

Spacerowałem późnym wieczorem ciasnymi uliczkami Szanghaju, na których pełno było różnych straganów i ludzi, a wśród nich sporo turystów. Znalazłem scenę, która poraziła mnie swoją urodą. Po pierwsze stało się tak, dlatego że była oświetlona dwojako: niebieską poświatą ulicy, którą widzimy w tle sceny, i ciepłym, żółtopomarańczowym płomieniem palnika. Po drugie zafascynowało mnie szkło, będące zawsze wdzięcznym, chociaż trudnym motywem do fotografowania. Drobne, iskrzące się przedmioty ze szkła, które uliczny rzemieślnik wykonuje na oczach tłumu, połyskują w żółtawym świetle. Po trzecie cała scena rozgrywa się na naszych oczach. Wypatrzona, pobudziła moją wyobraźnię i już wiedziałem, że muszę ją sfotografować. Zadałem sobie – tradycyjnie – pytanie: „Jak to zrobić?". Wiadomo było, że muszę zawrzeć wszystkie elementy, o których wcześniej opowiedziałem, na jednym zdjęciu, podjąłem więc decyzję o fotografowaniu jasnym zoomem 70–200 mm. Ogniskowa 70 mm dla mojego aparatu z matrycą APSC była już dość długa. Problemem stało się to, że nie tylko ja zobaczyłem wyjątkową sytuację – dostrzegło ją też mnóstwo gapiów skupionych wokół artysty. Musiałem się przez ten tumult przedrzeć, co było dosyć trudne z długim obiektywem, ale stwierdziłem, że użycie szerokiego kąta pozbawione jest sensu. Zgubiłbym wtedy gęstość i plastykę kadru, miałbym też za dużo elementów w tle, zbyt wiele plam i martwej przestrzeni, bo tam niewiele się działo. Fotografuję tak, by pierwszy plan był bardzo plastyczny, rozmyty, poza głębią ostrości, nie interesują mnie bowiem szklane ozdoby, tylko człowiek, który je wyrabia. Czym są, wiemy tylko dzięki temu, że odbijają mnóstwo światła, blikują, są bajeczne. Ostrość ustawiłem na głównym bohaterze, który intensywnie skupiał się na swej pracy. Złapałem moment, w którym płomień palnika strzelał wysoko w górę, a gdy rzemieślnik wkładał do ognia grudkę szkła, płomień przygasał i oświetlenie stawało się słabsze. Wybrałem taki kadr, żeby płomień nie zasłaniał twarzy, a widownia znajdowała się w tle po obydwu stronach artysty. Po jednej stronie tworzyli ją prawdziwi gapie, po drugiej – postacie z plakatu. To wszystko wypatrzyłem i uwzględniłem w kompozycji obrazu, nie znalazło się tam nic przypadkowego. Gdy już zbudowałem taki kadr, jak chciałem, wystarczyło poczekać na moment, gdy wszystko ułoży się w logiczną całość, czyli zsynchronizowane będą wszystkie cztery spojrzenia, które obserwujemy na zdjęciu: artysty, dziecka, które jest bardzo przejęte tym, co ogląda, i dwóch osób w tle. Chodziło o to, by całość wyglądała naturalnie, a zarazem by żadne z nich nie spojrzało mi w obiektyw, o co nietrudno, bo jak Europejczyk z dużym obiektywem stoi i fotografuje, to wzbudza zainteresowanie. W Chinach niestety przybyszom z Zachodu trudno zachować anonimowość.

Innym ważnym aspektem technicznym tego zdjęcia jest barwa i balans bieli, ale i tym razem to kwestia zaufania do automatyki aparatu. Nie dzieje się to jednak bez mojej kontroli. Na elektronicznym wizjerze widziałem, jak rejestruje kolor moja matryca. Zaakceptowałem to, automatyka aparatu działała zgodnie z moimi intencjami, czyli pojawił się odpowiednio krótki czas otwarcia migawki, kolor i ekspozycja. Teraz trzeba było tylko dopilnować, by żaden z gapiów nie wcisnął mi się w kadr, nie zasłonił jego fragmentu przypadkowo ręką oraz by wszystkie spojrzenia skumulowały się w jednym punkcie, a płomień strzelał jak najwyżej.

Sony NEX-7 | Sony G, 70–200 mm, f/2,8 | ogniskowa 70 mm . ISO 800 . 1/60 s . f/1,8

Zatłoczone ulice Szanghaju sprzyjają fotografowaniu, zawsze coś się dzieje, wokół rozgrywają się sceny, które są wymarzonym tematem zdjęć, i to nie tylko w nocy. To typowe zdjęcie reportażowe, *street photo*, na którym podglądam życie miasta będącego tak naprawdę futurystyczną metropolią. A jednak gdzieś w tle, w niektórych miejscach, nawet tych nowoczesnych, można ujrzeć obrazki z zupełnie innej epoki. Na jednym z takich – jakże zadbanych – trotuarów zawieszonych nad ziemią, nad wielopoziomowymi skrzyżowaniami zobaczyłem żebraka, który próbuje zarobić na przeżycie. Gdy na chwilę się zapomniał, odwrócił głowę i wzrokiem omiatał młodą parę stojącą gdzieś przy barierce – to był wymarzony motyw. Sytuacja była niesamowita, a najważniejsze decyzje trzeba było podejmować bardzo szybko. Jakie to decyzje? Otóż przede wszystkim myśl, że muszę zdążyć zrobić zdjęcie, bo sytuacja wiecznie trwać nie będzie. Użyłem obiektywu długoogniskowego, musiałem bowiem wykonać je z dystansu, bo wiedziałem, że nie zdążę podbiec, a chodziło mi też o plastykę kadru, skrót perspektywy. W tym momencie wybór długiej ogniskowej był jak najbardziej na miejscu. Kolejna decyzja to perspektywa widzenia. Uznałem, że muszę zmieścić w kadrze człowieka siedzącego na chodniku, wobec czego położyłem aparat na ziemi i odchyliłem ekran, wybrałem odpowiednią ogniskową, zaakceptowałem parametry, które zaproponował mi aparat, i skupiłem się na tym, by właściwie skadrować zdjęcie. Czekałem na odpowiedni moment: gdy żebrak odwróci głowę, a wokół niego zrobi się w miarę pusto. Przecież w mieście, gdzie żyje kilkanaście milionów ludzi, ulice są zatłoczone. W kadrze tego nie widzimy, ale poza nim wciąż kręcili się przechodnie, przed obiektywem i za staruszkiem również. Ja potrzebowałem jednak czystego kadru – tylko żebrak i para, którą podglądał – czekałem więc na moment, w którym przerwie on na chwilę proszące gesty i rzuci okiem na nogi turystki. Skupiłem się tylko na oddaniu atmosfery tego, co dzieje się na fotografii, wybrałem właściwy moment przyciśnięcia spustu migawki. Dzięki automatyce aparatu nie musiałem skupiać się na aspektach technicznych – tylko dlatego udało mi się zrobić to zdjęcie.

Wykonanie tej fotografii przyniosło mi wiele satysfakcji, choćby dlatego że ciężko się fotografuje takich ludzi, zwłaszcza w Chinach. Jak wszędzie, nie lubią, kiedy robi im się zdjęcia. W Chinach jednak propaguje się mit powszechnej szczęśliwości, takie osoby nie są tam zatem mile widziane, choć na ulicach ich pełno.

Sony NEX-7 | Sony G, 70–200 mm, f/2,8 | ogniskowa 200 mm . ISO 125 . 1/25 s . f/2,8

O ile ruch na ulicach fotografuje się łatwo, to uchwycenie ciemniejszych stron życia już tak proste nie jest – zwłaszcza tam, gdzie są dwie rzeczywistości: oficjalna i prawdziwa. Tuż po przylocie do Chin poinformowano mnie, że fotografowanie takich scen, które w państwie szczęścia i dobrobytu rzekomo nie występują, nie jest mile widziane przez policję. Dlatego trzeba było je fotografować szybko i dyskretnie. Ludzie żyjący na ulicy też zwykle protestują, gdy widzą wycelowane w siebie obiektywy aparatów, choć ten akurat nie sprzeciwiał się, bo spał pod ścianą supermarketu. Na zdjęciu widzimy człowieka, który śpi na ulicy w strugach deszczu; dodatkowym elementem sceny jest podświetlone tło ściany i mokry, błyszczący chodnik. Wygląda to bardzo interesująco od strony kompozycyjnej czy artystycznej. Zdjęcie zrobiłem czarno-białe, po pierwsze dlatego, że chciałem oddać hołd prekursorom fotografii reportażowej, ulicznej, którzy z leicami w dłoniach podglądali życie. Po drugie zaś kolor jest tu zupełnie zbędny, bo obraz doskonale się broni i zamyka w walorze czarno-białym, a dzięki wysokiemu kontrastowi plastyka obrazu jest tak dynamiczna, że pojawienie się koloru zakłóciłoby harmonię obrazu. Z jednej strony jest to zdjęcie reportażowe, z drugiej zarówno pod względem estetycznym, jak i kompozycyjnym udało się doskonale. Oczywiście zrobiłem je celowo tak, by wszystkie kąty i linie były proste, bo to z kolei ukłon w stronę fotografii formalnej, która w tym wypadku splata się z reportażową. Najważniejszą kwestią jest wypatrzenie odpowiedniej sceny, a kiedy już ją dostrzeżemy, musimy ją tak sfotografować, by uzyskać pożądany efekt. Niestety tego ranka fotografowanie skończyło się karczemną awanturą. Najpierw wszczęli ją bezdomni, potem pojawili się policjanci i chociaż wszyscy mówili po chińsku, było jasne, że mają do mnie pretensje o to, że robię zdjęcia nie temu, co trzeba. Z pewnością uratowało mnie to, że miałem ze sobą mały aparat, a nie jakiś zawodowy sprzęt. Pokazywałem im na ekraniku, że podobają mi się te linie i światła, udając, że wcale mnie nie interesuje śpiący człowiek. Konflikt w końcu jakoś przycichł, ale w takich sytuacjach trzeba zawsze być grzecznym i pięknie się uśmiechać.

Sony NEX-3 | Sony E, 18–200 mm, f/3,5–5,6 | ogniskowa 50 mm . ISO 400 . 1/80 s . f/5,6

Starsza pani w tradycyjnym chińskim stroju zamiata zejście do kanału przed domem, a w tle w oknie widać jeszcze jakiegoś człowieka. Chodziło mi o to, by na tym zdjęciu sfotografować miejsce, czyli zejście do kanału, a jednocześnie uchwycić naturalnie wyglądającą scenę – dotykamy tu przecież chińskiej tradycji. Zafrapowało mnie to, że są tu właściwie dwa plany: na pierwszym znalazła się pani z miotłą, a na drugim Chińczyk jedzący śniadanie w jakiejś miejscowej restauracyjce. Dzieje się to bardzo wcześnie rano, słońce jest jeszcze nisko, a wszystko oświetla miękkie, rozproszone światło. By ująć całość, wybrałem kadr pionowy. Ściany są obcięte, pokazałem jedynie korytarz na uliczkę, takie zejście do kanału, a po drugiej stronie budynki. Gdy wszystkie te elementy już wybrałem, trzeba było poczekać na odpowiedni moment. Pani była pochłonięta pracą, Chińczyk spokojnie spożywał poranny posiłek, a wokół panowała cisza. Jak sprawić, by zwrócili na mnie uwagę? Sytuacja była patowa, ponieważ intencje fotografa i bohaterów pozostawały sprzeczne. Ja chciałem zrobić zdjęcie, uchwycić ich twarze na fotografii, oni zaś pracowali i nie zwracali na mnie uwagi. Zastanawiałem się, czy nie podejść i nie zagaić, ale po pierwsze dzielił nas kanał, po drugie przecież i tak nie zrozumieliby, o czym mówię. Najlepszym rozwiązaniem było po prostu powiedzieć głośno i wyraźnie po polsku „Dzień dobry!". U Chińczyka obca mowa sprawia, że podnosi głowę i sprawdza, co za dziwne dźwięki wydostają się z drugiej strony kanału. Kiedy wreszcie krzyknąłem „Dzień dobry!", obydwie głowy ze zdziwieniem i zaciekawieniem spojrzały w moją stronę. Wtedy zrobiłem zdjęcie. Oczywiście samo „Dzień dobry!" nie wystarczyło, trzeba było użyć pewnej ekspresji – to było powitanie z czterema wykrzyknikami. Spowodowało ono, że wszyscy wokół stanęli wyprostowani, ja zacząłem się śmiać, by rozładować atmosferę, bo przecież oni nie mieli pojęcia, że ich pozdrawiam. Równie dobrze mogliby pomyśleć, że ich obrażam. W kontaktach z innymi nacjami trzeba być bardzo ostrożnym. To, co nam się wydaje normalne i przyjacielskie, gdzieś indziej może być odebrane jako śmiertelna obraza wymagająca krwawej pomsty. W relacjach z ludźmi zawsze trzeba się uśmiechać, stresowe sytuacje rozładowywać pogodą ducha i uśmiechniętą twarzą. Mogłem oczywiście krzyknąć do nich cokolwiek, co pewnie odniosłoby taki sam skutek. Jednak mówiąc „Dzień dobry!", wyrażając coś miłego, sami pozytywnie się nastawiamy. Na pewno takie zachowanie odniesie lepszy skutek niż pohukiwanie typu „Ej, ty, popatrz tu!". To prawda, że tubylcy i tak nie rozumieją słów, ale czytają przecież wiele z intonacji, z brzmienia głosu, lepiej jest więc ich pozdrowić niż mówić cokolwiek innego.

Sony SLT A77V | Sony G, 70–200 mm, f/2,8 | ogniskowa 150 mm . ISO 100 . 1/320 s . f/2,8

Podczas Rajdu Dos Sertois gdzieś w sercu Brazylii, w miasteczku, jakich tysiące, miałem trochę wolnego czasu. Sytuacja tak mnie zaskoczyła, że nie bardzo na początku wiedziałem, jak z niej wybrnąć. Ten rajd będący brazylijskim odpowiednikiem Dakaru ciągnął się przez całą Brazylię, a ja za nim jak Armia Czerwona za zachodzącym słońcem. Ostre tempo i rutyna spowodowały automatyzację moich zachowań. Kiedy okazało się, że przez przypadek mam kilka godzin wolnych, poczułem się jak nałogowy palacz w komorze tlenowej. „Cóż mam ze sobą zrobić?" – zastanawiałem się. Wymyśliłem coś oryginalnego: „Pójdę na zdjęcia". W końcu ostatnio fotografowałem dwadzieścia minut temu. Udałem się do miasta w samo południe. Skwar panował potworny, miasto było wyludnione, kompletnie nic się nie działo. Gdybyż choć pies przebiegł przez ulicę. Miałem dość. Zastanawiałem się, czy nie lepiej byłoby wykorzystać tę chwilę i po prostu odpocząć. Jednak szansa na spokojne fotografowanie miasteczka mogła już się nie powtórzyć, postanowiłem więc zmęczyć się do cna. Dotarłem nad rzekę w nadziei, że nawet jeśli nic nie sfotografuję, to chociaż pomoczę sobie nogi. Na moje szczęście nabrzeże tętniło życiem. Jakaś stara kobieta robiła pranie, ktoś łowił ryby, inny je patroszył, dziewczęta myły naczynia. Ja zwróciłem uwagę na kąpiące się w wodzie dzieci. Podobała mi się dynamika tej sceny: wyskoki do wody, rozbryzgi, radość wymalowana na twarzy. Zrobiłem zdjęcie. Dzieciaki, widząc aparat, zaczęły coraz bardziej angażować się w zabawę, a ja – w fotografowanie. Uchwyciłem figle, ale nie byłem zadowolony. „Takie to zwyczajne, takie oczywiste – myślałem. – Tło byle jakie, a i sama akcja mimo wszystko mało emocjonująca. Po pierwsze muszę zmienić tło. Chcę mieć most w tle, panoramę miasteczka i wolę, aby scena nie była taka płaska, lecz ukazana w perspektywie". Żeby to osiągnąć, musiałem wejść do wody. Zaraz też przypomniałem sobie ostrzeżenia, jakimi mnie raczono: o piraniach, o rybkach, które przez męskość wpływają do środka, a potem robią, co chcą, itd. Gorzej, pomyślałem, że mogę wejść do wody i spotkać rodaka w klapkach, gwiazdora TV. Nic to. Przy akompaniamencie gwizdów dzieciaków wszedłem do wody tak, jak stałem. Na brzegu została tylko torba. W swojej naiwności liczyłem, że może zamoczę tylko kolana. Nie udało się. Znad tafli wystawała jedynie moja głowa z aparatem, a ja starałem się znaleźć równe dno i nie popłynąć z nurtem Amazonki. Ogólnie jednak koncepcja okazała się dobra. Przyłożyłem oko do wizjera i zobaczyłem, jak teraz ładnie komponuje się całość. Dostrzegłem dużą chmurę na niebie i natychmiast skadrowałem ją po przekątnej, dzieciaki mając w lewym dolnym rogu, a chmurę w górnym prawym. Dla mnie to zupełnie naturalny kadr. Brakowało tylko skoku. Ustawiłem aparat na zdjęcia seryjne 10 klatek na sekundę. W grupie chłopców miałem swojego faworyta, był chyba najstarszy i najbardziej wysportowany. Czekałem na jego kolej. Kiedy wdrapał się na słupek, dostał ode mnie instrukcje po polsku, że ma się nie oszczędzać. Wyraziłem to wymachując energicznie aparatem i zaciśniętą pięścią. Moja twarz wyrażała aprobatę, której mogła dorównać tylko mina Mussoliniego podczas defilady. Chłopak się spiął i skoczył, leciał i leciał, kręcąc salto, a moja migawka terkotała. Pięknie. Udało mi się go zarejestrować dokładnie w przekątnej kadru, kiedy leciał głową w dół. Oczywiście nie mogłem zapomnieć przy tym o aspekcie technicznym: ostrość ustawiona na chłopców i zablokowana; czas otwarcia migawki jak najkrótszy, a co za tym idzie, minimalna przysłona; ogniskowa krótka, aby w tle za chłopcami zmieścić jak najwięcej Brazylii.

Wróciłem do hotelu pozbawiony wszelkich drobiazgów, jakie miałem, i koszuli mojego teamu. Zgodnie z przewidywaniami chłopak był rzeczywiście sprytny – za darmo nie skakał.

Sony SLT A55V | Carl Zeiss DT ZA Vario-Sonnar® T* Sony, 16–80 mm, f/3,5–4,5 | ISO 100 . 1/500 s . f/5,0

Umiejętność wyłączenia się z głównego nurtu wydarzeń i skupienia na motywach pobocznych jest pożądaną cechą fotografa. Trzeba być zdecydowanym i świadomym istoty wyboru, by porzucić zadania priorytetowe dla swojej karkołomnej twórczości.

Przebywałem na odcinku specjalnym Rajdu Dakar. Wraz z innymi fotografami robiłem zdjęcia jadących motocyklistów. Starałem się o jak najlepsze oddanie dynamiki pojazdu i uwiecznienie zawodnika tak, by był rozpoznawalny. Nie było to łatwe zadanie, ponieważ stałem w najgorszym z możliwych miejsc. Pustynia była gładka jak stół, a motocykle na tym odcinku rozwijały maksymalną prędkość. Musiałem się bardzo starać, żeby zdjęcia zawodników wyszły ostre. Próbowałem ich uchwycić, gdy zbliżali się do aparatu, albo starałem się robić to na długim czasie w momencie równoległego prowadzenia, tak by tło za nimi było rozmyte. W jednym i drugim przypadku nie jest to proste i wymaga skupienia. Na dodatek trzeba jeszcze dążyć do tego, by nadać zdjęciom wyraz. Na moje nieszczęście nawet kurz spod kół nie leciał. Naprawdę fatalna pozycja. Dlaczego tam stałem? Bo było to miejsce blisko startu, a ten blisko biwaku. Nie miałem transportu, by wjechać głębiej w pustynię i szukać lepszej lokalizacji. W takich sytuacjach pod wpływem piekącego słońca frustracja daje o sobie znać. Gdy więc tylko nadarzyła się okazja, by zmienić obiekt zainteresowania, natychmiast to zrobiłem. Nie potrzebowałem żadnej determinacji. Przeciwnie, robiłem wszystko, by znaleźć temat zastępczy i nie zwariować. Rozglądałem się dookoła za czymkolwiek lepszym od pierwszomajowej parady motocykli.

Wtedy ich zobaczyłem: sześciu wspaniałych. W centrum niczego, kilkadziesiąt kilometrów od cywilizacji spokojnie siedziała na krzesełkach grupka kibiców niczym loża szyderców. Mieli ze sobą lodóweczki, a w nich colę, wino i coś na ząb. To nic, że obok stał duży pick-up i reszta akcesoriów, które jednoznacznie łączyły ich z wygodami tego świata, a zarazem odzierały z romantyzmu. W swoim kadrze widziałem tylko tych entuzjastów. Na ich widok ulżyło mi. Nareszcie miałem temat na zdjęcia. Teraz swój pomysł musiałem tylko wyrazić za pomocą języka fotografii. Po wykonaniu kilku zdjęć zauważyłem dwa problemy: po pierwsze panowie, kiedy zobaczyli, że ich fotografuję, za bardzo zaczęli się wczuwać w rolę, wiwatując oraz robiąc głupie miny w stronę aparatu, po drugie w pierwotnym ciasnym kadrze byli – owszem – sami w sobie egzotyczni, ale takie zdjęcie nie oddawało atmosfery rajdu i abstrakcyjności sytuacji, którą chciałem zapamiętać.

Zdecydowałem, że na jednym zdjęciu muszę pokazać owych dżentelmenów, motocyklistę i bezmiar pięknej pustyni z surrealistycznymi chmurami. Kadr miał być zarówno gęsty, jak i szeroki. Ustaliłem trzy mocne punkty kadru i proporcję wielkości kibiców

Sony A900 | Sony G, 70–400 mm, f/4–5,6 | ogniskowa 120 mm . ISO 100 . 1/125 s . f/11

do szerokości planu z motocyklistą, który teraz stał się postacią pierwszoplanową. Kolejnym zagadnieniem było ukazanie dynamiki. Ustawiłem wystarczająco długi czas, by motocyklista był poruszony, ale zarazem tak krótki, by zdjęcie wyszło ostre bez statywu. Stabilizacja matrycy w aparacie bardzo mi ułatwiła zadanie i pozwoliła bezpiecznie wydłużyć czas otwarcia migawki. Teraz musiałem coś zrobić, by zawodnik znalazł się w tym miejscu kadru, gdzie chciałem, czyli po prawej stronie, w opozycji do kibiców. O reżyserowaniu nie było mowy, chociaż gdybym spróbował, mogłoby być wesoło, ale zapewne jednorazowo. Ustawiłem tryb zdjęć seryjnych, licząc, że na którymś z pięciu zrobionych zdjęć na ułamek sekundy trafię idealnie w dobre miejsce. Ostatnim elementem było opanowanie błazeńskich zachowań sześciu dżentelmenów. Na nich, za nic w świecie, siły nie miałem. Im też słońce ostro dopiekało. Postanowiłem ich zmęczyć, a jednocześnie potrenować wcelowywanie motocykla w kadr, ponieważ owe pięć klatek na sekundę wcale nie wystarczało w wypadku tak szybko poruszających się pojazdów. Po kilku przejazdach motocyklistów panowie w końcu przyzwyczaili się do mnie. Znudzili się moją obecnością i kompletnie zignorowali. Dzięki mnogości zarejestrowanych zawodników miałem do wyboru jeszcze jeden element kompozycji mojego zdjęcia, czyli kolor ubrania motocyklisty. Z wielu różnych wariantów zdjęć wybrałem uczestnika przywdziewającego czerwoną barwę, dobrze komponującego się z grupą kibiców, wśród których dominowała czerwień i zieleń. Po zakończonej sesji panowie zaprosili mnie, częstując jadłem i napojem. Obserwując mój taniec z aparatem, musieli dojść do wniosku, że jestem wyczerpany. Mieli rację.

To zdjęcie dowodzi, że oczekiwania często mijają się z rzeczywistością. Gdy się dowiedziałem, że będę w Nepalu, zapragnąłem sfotografować prawdziwych, nepalskich górali na tle ośnieżonych Himalajów. Wydawało mi się, że takich zdjęć zrobię mnóstwo. Tymczasem pogoda podczas naszego pobytu okazała się nie najlepsza, górali zaś nie było ani na lekarstwo. W tym miejscu byliśmy już drugi albo trzeci raz, fotografowaliśmy szczyty w chmurach, lecz ludzi, którzy maszerowaliby z ładunkiem na plecach, nie spotkaliśmy. Owszem, trafiła się jakaś kobiecina z tobołkiem, ale to nie było to, o czym marzyłem. Tego dnia, tuż przed końcem wyprawy, gdy spacerowaliśmy po raz kolejny po tym samym miejscu, pojawiło się trochę słońca, fotografowaliśmy zatem góry, jezioro w dolinie i mijane wioski. Nagle zobaczyłem, jak z oddali zbliżają się prawdziwi nepalscy górale. Dzieliło mnie od nich około dwustu metrów, zacząłem więc wołać do grupy: „Łapcie ich!" (w rzeczywistości brzmiało to nieco mniej parlamentarnie, ale po prostu musiałem ich dogonić i sfotografować). Część grupy już ich otoczyła i zaatakowała aparatami fotograficznymi. Wreszcie dogoniłem ich i zziajany zabrałem się do roboty. Trzeba było zrobić zdjęcia bardzo szybko, by nie zniecierpliwili się i nie odeszli. Ale udało się!

Jaki z tego morał? A taki, że gdybym tego zdjęcia wtedy nie zrobił, i to w sposób dość nachalny, to nie zrobiłbym go wcale, bo taka sytuacja, gdy spotkaliśmy obładowanych górali w słoneczny dzień na tle ośnieżonych Himalajów, do końca naszego pobytu w Nepalu już się nie powtórzyła.

Samo zdjęcie to klasyczna kompozycja: szerokokątny obiektyw, górale idą od prawej do lewej, więc wolna przestrzeń rozciąga się przed nimi. Na trzecim planie znalazły się szczyty gór nad ich głowami, które zamykają kadr. A ponieważ górale szli, trzeba było zrobić zdjęcie tak, by nie było widać żadnego dysonansu podczas marszu. W sukurs znów przyszedł mi tryb zdjęć seryjnych, który pozwala złapać poszczególne fazy ruchu i ułożenia nóg.

Jednak upór i determinacja w wykonywaniu zdjęć to kwestia najważniejsza. Jeśli o czymś się marzy, to za wszelką cenę należy dążyć do osiągnięcia obranego celu.

Sony NEX-7 | Carl Zeiss ZA E Sony, 24 mm, f/1,8 | ISO 100 . 1/1600 s . f/5,0

Czasem o tym, że robimy zdjęcie, decyduje nie tylko przypadek, ale i odrobina sprytu. Dla mnie prezentowane zdjęcie jest wyjątkowe z dwóch powodów. Po pierwsze zrobiłem je moim pierwszym kompaktowym aparatem cyfrowym, od którego zaczęła się moja przygoda z fotografią cyfrową. Po drugie jest to także moje pierwsze zdjęcie zza kierownicy samochodu.

Podróżowaliśmy z przyjacielem jeepem po Transylwanii w Karpatach, po rumuńskich lasach i bezdrożach. Cóż to była za wspaniała wyprawa! Bez mapy, bez GPS-a, bez znajomości języka. Po prostu parliśmy przed siebie z nadzieją, że gdzieś w końcu dotrzemy. Takie wyprawy są według mnie najwspanialsze. Fotografowałem – oczywiście – zawsze przygotowany, z aparatem w ręku albo pod ręką w samochodzie. Zbłądziliśmy gdzieś w okolicach lasu Drakuli. Pogoda była okropna, nie widzieliśmy żadnych drogowskazów, dzień powoli się kończył. Wizja biwakowania w takich warunkach średnio nas cieszyła. Szukaliśmy jakiejś cywilizacji, najlepiej hotelu i restauracji. Jadąc leśnym duktem, spotkaliśmy na swej drodze stado owiec i pasterza. Zwierzaki kompletnie zatarasowały drogę. Nie było szansy przejechać. Na pierwszym planie widziałem owce oświetlone światłami samochodowymi (stąd wzięły się te żółte plamy na ich futrze), a wokół roztaczała się ciężka atmosfera od ołowianych, deszczowych chmur. Ponieważ lało wtedy niemiłosiernie, nie mogłem wyjść z aparatem z samochodu, fotografowałem więc zza szyby pojazdu, starając się trafić w interwał między kolejnymi ruchami wycieraczek, tak żeby uzyskać w miarę ostry obraz przez czystą szybę. To, że w takich ekstremalnych warunkach zrobiłem to zdjęcie, nie zależało od aparatu, oświetlenia czy komfortu pracy, lecz od pasji. Czego to dowodzi? Tego, że jeśli jesteśmy świadkami jakiejś fantastycznej, ciekawej sytuacji, to dzięki zamiłowaniu i temu, że jesteśmy na nią przygotowani, umiemy ją wykorzystać.

Konica Minolta A2 | Minolta APO, 28–200 mm, f/2,8–3,5 | ogniskowa 70 mm . ISO 200 . 1/30 s . f/3,2

Z grupą dziennikarzy wybraliśmy się do Tajlandii, by fotografować tamtejsze klimaty – Bangkok, pejzaże, ocean. Jakimś dziwnym zbiegiem okoliczności w Pattayi znaleźliśmy się bliżej tajlandzkiego półświatka niż pejzaży. Był to równie albo nawet bardziej ciekawy temat niż krajobrazy, stwierdziłem bowiem, że to znakomity materiał na reportaż. Nie ma co owijać w bawełnę, chodzi o zjawisko, które w Tajlandii jest bardzo popularne, a mianowicie miłość za pieniądze i turystykę seksualną, z której ten kraj słynie tak samo jak ze znakomitej kuchni czy pięknych plaż. Eksplorowałem temat, fotografując w szemranych dzielnicach. Robiłem portrety, sceny rodzajowe. Muszę powiedzieć, że wykazałem się wtedy dużą odwagą, a chyba jeszcze większym brakiem rozsądku, bo było to niebezpieczne, ale w swoich fotograficznych działaniach często o tym, co jest groźne, po prostu zapominam. Fotografowanie dzielnic rozpusty Bangkoku czy Pattayi, bieganie po nich z aparatem nie jest najlepszym rozwiązaniem. Jeśli jednak chce się mieć dobre zdjęcia, warto podjąć ryzyko. Ja je podjąłem, ale odradzam takie postępowanie, bo w ten sposób sami prosimy się o kłopoty.

Dowodem na to, że niekoniecznie musimy chodzić po nocach z aparatem fotograficznym, jest to zdjęcie wykonane z balkonu pokoju hotelowego w Pattayi, i to tuż przed wyjazdem. Byłem spakowany i czekałem na autokar. Wyszedłem na balkon, żeby odetchnąć świeżym powietrzem i rzucić po raz ostatni okiem na panoramę miasta. Po lewej stronie rozciągał się widok na ocean, a po prawej na dzielnicę czerwonych latarni. Patrząc na ulicę w dole, zobaczyłem stojące i czekające już na klientów „dziewczyny inaczej" (transwestytów), czyli nic nowego. Z daleka dostrzegłem idącą parę: on – dojrzały już pan, ona – młodziutka Tajka, przypuszczalnie nastolatka; oboje w koszulkach z napisem, który razem układał się w słowo „love". Szli w stronę plaży, narażając się na docinki i szyderstwa stojących panienek. Wyglądało na to, że uwagi dotyczą Tajki, ponieważ zakrywała ona twarz, jakby trochę wstydząc się tej sytuacji. Historia jest może banalna i mało istotna, ale w sensie plastycznym, kompozycyjnym naprawdę interesująca.

Nie mogłem takiej okazji przepuścić, chwyciłem aparat i założyłem teleobiektyw. Potrzebowałem długiej ogniskowej, bo scena rozgrywała się dość daleko od mojego balkonu. Skadrowałem i czekałem, aż para wejdzie w kadr. Gdy już ich zobaczyłem w wizjerze, robiłem zdjęcia w trybie seryjnym i w ten sposób udało mi się zarejestrować całą sytuację: znamienny napis na koszulkach, gest dziewczyny. Jest to jedno z moich ulubionych zdjęć reportażowych. Cieszę się z niego tym bardziej, że zostało zrobione właściwie w ostatniej chwili, dając kolejny dowód na to, że nigdy nie wiadomo, kiedy zrobimy zdjęcie swojego życia, więc musimy być zawsze na to przygotowani.

Sony A900 | Sony G, 70–400 mm, f/4–5,6 | ogniskowa 400 mm . ISO 500 . 1/500 s . f/5,6

Spacer po starym mieście w Genewie tego dnia uznałem za obowiązkowy. Wiosna rozkwitła na całego, świeciło piękne słońce, wszystkie kafejki na rynku zapełniły się po brzegi. Siedziałem w jednej z nich przy kawie i obserwowałem ludzi. Byli dobrze ubrani, ładni, szczęśliwi. Pili, jedli, czytali gazety, rozmawiali ze sobą, a przy tym byli tak nudni, schematyczni i powściągliwi, że od razy było widać, iż dla nich taki stan egzystencji to rutyna. Robią tak od lat, nie ma w tym żadnych emocji. Proza dostatniego życia. Jak oni bardzo różnili się od ludzi, których widziałem w innych częściach świata. Odruchowo wyjąłem aparat i z takim samym zblazowanym wyrazem spróbowałem zrobić im zdjęcie. Popatrzyli na mnie tak, że zrobiło mi się głupio. Poddałem się, aparat położyłem na stoliku. Istotnie, nie było czego fotografować. Delektując się kawą i słońcem, przeniosłem wzrok w inne miejsca. Zobaczyłem przy fontannie kilka baraszkujących wróbli. One również poczuły wiosnę, ale w przeciwieństwie do ludzi wywoływała ona u ptaków emocje.

„Cóż, lepszy wróbel w garści niż szwajcarski zegarek w sklepie" – pomyślałem. Zastanowiłem się jeszcze przez chwilę, czy naprawdę warto ruszyć się z miejsca, by fotografować wróbelki. Każdego dnia spotykam je w swoim otoczeniu i nie po to pojechałem do Genewy, by fotografować te ptaki. Popatrzyłem ze zwątpieniem na aparat, omiotłem raz jeszcze wzrokiem Szwajcarów i wybrałem wróble. Podszedłem do fontanny na bezpieczną odległość, by nie wystraszyć ptaków, i obserwowałem, a one odgrywały prawdziwie romantyczną scenę. Założyłem średni teleobiektyw, chcąc się zaleźć dostatecznie blisko, a jednocześnie mieć wystarczającą głębię ostrości, by zmieścić w niej grupę ptaków. Od razu ustawiłem tryb seryjny, by robić 10 klatek na sekundę. Jeśli coś się wydarzy, to szansa na uchwycenie ptaków będzie dzięki temu większa. A one były bardzo ruchliwe, wykonywały mnóstwo akrobacji w krótkim czasie, wiele z nich trudno było dostrzec gołym okiem. W takim wypadku na własny refleks nie miałem co liczyć, zdałem się więc na aparat. Wolałem zadbać o inne aspekty, bo temat mi się spodobał i zacząłem do niego poważnie podchodzić. Ustawiłem się pod słońce, tak by cała scena była ładnie podświetlona od tylu, tym bardziej że figle ptaszków sprawiały, że w powietrzu unosiło się mnóstwo kropelek wody. Na szczęście fontanna stała blisko jasnej fasady budynku, która peniła funkcję gigantycznej blendy, więc miałem bardzo dobre wypełnienie od przodu. Ustawiłem aparat na takiej wysokości, aby zmieścić w kadrze wpadający do basenu strumień wody, który miał tworzyć drugi plan. Wysokość aparatu wypadała dokładnie na poziomie bioder. Zdecydowałem się wykorzystać uchylny ekran i fotografować z biodra, by klękaniem nie spłoszyć ptaków. Tak przygotowany niby od niechcenia zacząłem robić zdjęcia, sukcesywnie skracając dystans i przybliżając się malutkimi kroczkami. Nie oszczędzałem ani na prądzie, ani na pamięci w aparacie. Robiłem dużo zdjęć, licząc, że złapię najciekawsze momenty. Wiedziałem również, że w każdej chwili ptaszki mogą odlecieć. Znudzonym mieszkańcom Genewy nagle objawił się drepczący w miejscu człowiek z aparatem, który pstryka zdjęcie za zdjęciem – i się zaczęło. Zaraz na plecach miałem kilka osób, które głośno zaczęły wyrażać swój zachwyt nad ptasią zabawą. Oczywiście w ruch poszły komórki, każdy chciał sobie zrobić zdjęcie ptaszka. W efekcie niemal natychmiast speszone wróbelki odleciały. Poczułem gniew, bo miałem w planie zrobić jeszcze kilka zdjęć. Trochę zawiedziony ruszyłem dalej. Zastanawiałem się, czy naprawdę trzeba mieć ze sobą aparat, by zobaczyć trochę więcej niż czubek własnego nosa, stronę gazety czy filiżankę kawy. Było coś sympatycznego w scenie zabawy ptaków, skoro wywołała ona takie poruszenie. Tylko dlaczego nikt jej wcześniej nie zauważył?

Sony NEX-7 | Carl Zeiss ZA Sonnar® T* Sony, 135 mm, f/1,8 | ISO 400 . 1/4000 s . f/2

Fotografia – zgodnie z definicją – jest sztuką patrzenia za pomocą aparatu. To nie sztuka obsługi aparatu, jego kupowania czy też wypisywania mądrości na forach internetowych. Wielu aktywnych pisarsko fotografów trywializuje i upraszcza pojęcie fotografii. Skupiając się na sprzęcie, usprawiedliwiają się, że takie jest zapotrzebowanie czytelników i internautów. Mnie się wydaje, że idą na łatwiznę i zamiast zadać sobie trochę trudu i kreować właściwe spojrzenie na fotografię, gdy nie wiedzą, o czym pisać, piszą o sprzęcie. To jest ogromne uproszczenie, a na domiar złego czytelnicy dają się nabrać i też zapominają, co jest istotą fotografii.

Przydługi może wstęp doskonale puentuje to zdjęcie zrobione podczas spaceru po Kapsztadzie, ale taką sytuację można spotkać w dowolnym miejscu na Ziemi. Trzeba jednak mieć aparat, by ją utrwalić. Ptaszek atakuje własne odbicie w mosiężnej tabliczce w kapsztadzkim porcie. Wygląda to zupełnie normalnie i banalnie. Jednak zrobienie tego zdjęcia – wbrew pozorom – nie należało do łatwych. Tabliczka była zaokrąglona, umocowana na obłym cokole i wielką trudność sprawił mi taki dobór kadru, by kąty wyszły w miarę proste. Ptaszek, jako że był mocno rozsierdzony, nie zachęcał do współpracy, więc gdy tylko troszeczkę się zbliżałem, on odlatywał, wtedy ja odchodziłem, a on wracał. Trzeba było zrobić zdjęcie najdłuższym obiektywem, jaki miałem – 400 mm – a to powodowało, że musiałem się zadowolić naprawdę niewielką głębią ostrości. By ptaszek nie był rozmazany, musiałem skrócić czas otwarcia migawki. Ustawienie ostrości również sprawiało trudności, bo gdy dzióbek wyglądał idealnie, rozmywał się ogonek i na odwrót. Wreszcie trzeba było trafić ten moment, w którym ptaszek miał odpowiednio rozpostarte skrzydełka, a jego odbicie stawało się wyraźnie widoczne w tabliczce. Tak banalny temat stał się nie lada wyzwaniem dla fotografa. Trzeba było trochę pokombinować, a przede wszystkim uzbroić się w cierpliwość, by skłonić ptaszka do współpracy, dając mu do zrozumienia, że kompletnie nas nie interesuje. Musiałem też robić zdjęcia bardzo szybko, bo nikt z grupy na mnie czekać nie chciał. Tą grupą byli dziennikarze, którzy wraz ze mną testowali aparaty. Oni ptaszka nie dostrzegli, w przeciwnym bowiem razie zatrzymaliby się i fotografowali. A ja znany jestem z tego, że opóźniam spacer grupy, bo robię zdjęcia.

Sony A900 | Sony G, 70–400 mm, f/4–5,6 | ogniskowa 400 mm . ISO 400 . 1/800 s . f/5,6

Jadąc gdzieś na koniec świata, każdy chciałby mieć gwarancję dobrej pogody. To oczywiste, że wiele rzeczy przyjemniej jest robić, kiedy jest ciepło i słonecznie. Ba, z mnóstwa z nich trzeba zrezygnować, gdy pogoda nie rozpieszcza. Na szczęście dla mnie nie dotyczy to fotografowania. Jestem jak magnes przyciągający deszcze. Kiedyś ktoś powiedział, że powinienem się zatrudniać w krajach ogarniętych suszą i brać pieniądze za to, że tam jestem. Zacznie padać na pewno. Istotnie, zaliczałem deszcze nawet na pustyni Atakama, a także śnieg na Synaju. Przez namiot na Saharze przepłynęła mi rzeka. Byłem świadkiem powodzi w Kalifornii, Australii, Hiszpanii i we Włoszech, czyli tam, gdzie deszcz pada raczej skąpo. Ale tym razem sam się prosiłem o prysznic.

Pojechałem do Indii w czasie, kiedy ulewy są tam na porządku dziennym. Po przyjeździe do Bombaju poczułem, że nawet przelotny deszcz może mi zaimponować. Fotografowałem hinduską ulicę pełną dosłownie wszystkiego: kolorów, zapachów, ale też brudu i smrodu. Było potwornie duszno. W moim celowniku nie widziałem ciekawej architektury, bajecznie barwnych ludzi czy egzotyki, tylko szarą, biedną ulicę pełną zagonionych ludzi. W tym momencie ulewa była dla mnie wybawieniem. Powietrze stało się lżejsze, ulice się wyludniły i w końcu zaczęło coś się dziać. Każdy w pośpiechu szukał schronienia. „To jest temat" – pomyślałem. Zaprawiony w bojach wodnych nabrałem energii i ruszyłem pod prąd wprost na ulewę, żeby polować. Od razu założyłem obiektyw długoogniskowy, licząc, że zagęszczenie kadru będzie bardziej oddawało ekspresję tego, co się dzieje. Chciałem wyeksponować krople deszczu. W takich sytuacjach wiąże się to ze sporym ograniczeniem, bo kiedy pada, robi się ciemno. Kiedy wykorzystuje się długą ogniskową, to ryzyko poruszenia zdjęcia się zwiększa i trzeba to zrekompensować krótszym czasem ekspozycji. To z kolei wymusza ustawienie wyższej czułości. Od czasu, kiedy zrobiłem całą sesję poruszonych zdjęć, pamiętam to doskonale i zawsze jest to pierwsze, co ustawiam, kiedy zmieniają się warunki. Obecnie idę na łatwiznę, bo najczęściej czułość w aparacie ustawiam na Auto i aparat pamięta za mnie, że należy dopasować ją do warunków zdjęciowych.

Fotografowałem tłumy pod drzewami, pedantów korzystających z okazji, by umyć samochód, ale moją uwagę zwrócił samotny rowerzysta, który nic sobie nie robił z ulewy. Skulony dziarsko pedałował do przodu. Skierowałem w jego stronę aparat i stwierdziłem, że na zagęszczonym kadrze uzyskuję przyjemny plastycznie obraz. Jego czerwona koszula odcinała się od szarości ulicy, w tle majaczyły zaparkowane samochody. Poza tym było pusto, a wszędzie pełno wody. W mocnym skrócie perspektywy całość wyglądała na bardzo skondensowaną i ekspresyjną. Cieszyłem się, że podjąłem dobrą decyzję co do wyboru obiektywu. Odprowadzałem rowerzystę na śledzącym autofokusie i co jakiś czas robiłem zdjęcie. Starałem się przemieszczać w lewo lub w prawo, by precyzyjniej dobierać elementy w tle. Na szczęście rower to nie motocykl, więc czasu na tę operację miałem sporo. Kiedy rowerzysta mnie minął, dalej go fotografowałem, ale teraz od tyłu. Stwierdziłem, że choć nie było już widać twarzy, odjeżdżająca w dal sylwetka rowerzysty wywierała na mnie większe wrażenie, wprowadzając nutkę tajemnicy. Nie skupiałem się bowiem na osobie, lecz na otoczeniu i sytuacji.

Sony SLT A55V | Sony G, 70–200 mm, f/2,8 | ISO 250 . 1/400 s . f/4

Wspaniałe, kolorowe Indie właściwie prześladują mnie w mojej podróżniczej karierze. Wiele razy proponowano mi wyjazd do Indii, miałem tam nawet spędzić więcej niż pół roku i robić film dokumentalny. Nie zdecydowałem się jednak, bo podświadomie wiedziałem, że nie czułbym się tam dobrze. W końcu jednak dałem się namówić. Indie to piękny i niepowtarzalny kraj, dla mnie jednak, gdy już tam pojechałem, okazał się różny od wyobrażeń.

Na moje nieszczęście wylądowałem w Bombaju, a raczej nie jest to miejsce kolorowe i bajeczne – ogromna aglomeracja miejska, miliony szarych ludzi mieszkających w slumsach w warunkach urągających ludzkiej godności – przynajmniej z naszego, europejskiego punktu widzenia. Stwierdziłem jednak, że skoro już tu jestem, znajdę tematy, które warto eksplorować fotograficznie mimo pewnych obiekcji natury zapachowej i wizualnej. Widząc różnego rodzaju egzotyczne sceny, można zrobić tu dwa–trzy tysiące zdjęć i samego siebie oszukiwać, że są one wyjątkowe, choć w pewien sposób pewnie są. Dla nas, Europejczyków żyjących w zupełnie innych realiach, wszystko tutaj jest egzotyczne, ale od strony fotograficznej zwykłe i banalne. Każdy może zrobić zdjęcia, ja jednak chciałem stworzyć coś indywidualnego. Maszerując ulicami Bombaju, trafiłem na chłopca, który stał przy rowerze. Zacząłem robić mu zdjęcia, najpierw z daleka, potem, kiedy wzbudziłem już jego zaufanie, zbliżyłem się troszeczkę, a kiedy się do mnie przyzwyczaił, uśmiechnąłem się do niego. Przestał na mnie zwracać uwagę, a ja starałem się udawać, że to nie on mnie interesuje, i robiłem zdjęcia wokół niego. Cały czas miałem jednak na niego oko i liczyłem, że uda mi się coś interesującego uchwycić. Gdy już właściwie zasymilowałem się z otoczeniem, założyłem obiektyw szerokokątny i zbliżyłem do chłopca, by fotografować go z bezpośredniej odległości. Wymyśliłem sobie kadr, który miał spełnić moje oczekiwania. Uderzyły mnie oczy chłopca. Hinduskie dzieci mają piękne, duże oczy o głębokim, ciekawym i przenikliwym jednocześnie spojrzeniu. Z jednej strony chciałem sfotografować chłopca w otoczeniu rowerów podczas zabawy, z drugiej – uchwycić piękno tych oczu. Znalazłem taki kadr, fotografując chłopca, a raczej jego oczy, poprzez ramę roweru. Taka kompozycja sprawiła, że zdjęcie jest nietuzinkowe: oczy wpasowane w ramę roweru znajdującą się na pierwszym planie, przerysowana głowa i zwężająca się ku dołowi sylwetka, dzięki czemu oczy stały się jeszcze wyrazistsze. W drugim planie, w lekkiej nieostrości można dostrzec kolejny rower, tak naprawdę nieistotny. Pozornie.

Sony A900 | Carl Zeiss Vario-Sonnar® T* Sony, 16–35 mm, f/2,8 | ogniskowa 35 mm . ISO 200 . 1/125 s . f/3,2

To pachnące ulicą i przygodą zdjęcie zrobiłem w Delhi, gdzie wyjątkowo ciężko się fotografuje, a to za sprawą wszechogarniającego brudu i fetoru. Nocą ulice pustoszeją, zamykane są stragany, jedyne oświetlenie pochodzi od ulicznych lamp i witryn. Dawniej pewnie nie wyciągnąłbym w takich okolicznościach sprzętu z torby, dziś technologia wbudowana w aparat ułatwia życie i pozwala na o wiele więcej. Fotografując nocą ulice, można trafić na bardzo ciekawe tematy. Tryb nocny w aparacie NEX powoduje, że wykonuje on serię sześciu obrazów w wysokiej czułości, a następnie łączy je w jedno zdjęcie. Wysoka czułość pozwala na fotografowanie na krótkich czasach migawki. Dzięki temu da się robić zdjęcia z ręki przy czasie 1/60 s, dającym gwarancję, że będą one ostre, nieporuszone i bez większych szumów, które degradują obraz.

To jest pozytywny aspekt techniczny, a mając świadomość, że mogę sobie pozwolić na tego rodzaju zdjęcia, maszerowałem ulicami Delhi i fotografowałem. Żebrak, na którego nikt nie zwracał uwagi, zresztą zwykle nikt na nich na ulicach indyjskich miast nie zwraca uwagi, po jakimś nawet czasie turyści, siedział skulony obok samochodu. Taki widok jest tam codziennością. Był bardzo fotogeniczny, oświetlony poświatą sodowych lamp ulicznych. W tle, w oddali majaczyli ludzie zamykający ostatnie stragany. Stwierdziłem, że ze względu na czystość kadru jest to znakomita scena do sfotografowania. Aparat, który miałem, wygląda jak amatorski kompakt, ale ma duże możliwości – jego zaletą jest to, że nie zwraca na siebie szczególnej uwagi. Dzięki temu nie jestem postrzegany jako fotograf, lecz raczej jako namolny turysta, który niczym Japończycy na wakacjach fotografuje wszystko, co widzi.

Podszedłem do żebraka bardzo blisko i szerokim kątem, wykorzystując uchylny ekran aparatu, który położyłem na ziemi, zacząłem fotografować. Zrobiłem serię zdjęć – jest ona według mnie bardzo spektakularna, a jednocześnie niezwykła fotograficznie. Na początku żebrak z pewnością mnie nie zauważył, a gdy podszedłem bardzo blisko i zaczął reagować, miałem już zrobione zdjęcia.

Wykorzystałem wtedy zalety współczesnych aparatów, które są małe, kieszonkowe, ale mają ogromne możliwości w warunkach do tej pory niedostępnych dla tradycyjnej fotografii.

Sony NEX-7 | Carl Zeiss E ZA Sony, 24 mm, f/1,8 | ISO 6400 . 1/60 s . f/4

1.4/50
10 20
3 5 ∞
m
22 16 8 4 4 8 16 22

5 | COŚ Z NICZEGO, CZYLI DETAL I FORMA

Choć fotografowanie ludzi wydaje się wielu wspaniałą przygodą, to czasem warto spróbować swoich sił w czymś nowym i nieco abstrakcyjnym, chociażby w fotografowaniu detalu, formy, geometrycznych elementów architektury. Warto nauczyć się dostrzegać otaczające nas układy geometryczne, specyfikę układającego się światła, bawić się elementami kompozycji obrazu, barwą i strukturą. Tego typu fotografia daje nieograniczone możliwości twórcze. Dzięki niej możemy zachować naszą indywidualność i z pewnością wyszukamy elementy nowe, jeszcze przez innych fotografów nieodkryte. Umiejętność dostrzegania detalu, formy, faktury czy geometrii doskonale sprawdzi się jako element uzupełniający w zdjęciach portretowych, reklamowych czy reportażowych lub jako tło dla fotografowanych obiektów. Świadomy fotograf powinien poszerzać swój warsztat o te właśnie elementy, by wstąpić na kolejny stopień wtajemniczenia. Kiedy już zrozumiemy istotę działania obiektywów szerokokątnych i długoogniskowych, gdy używamy już świadomie perspektywy, głębi ostrości i – wreszcie – gdy dostrzegamy światło i formę, możemy się spodziewać sukcesu. Łatwiej będzie zrobić interesujące zdjęcie nawet w banalnej sytuacji, gdy z pozoru nie ma co fotografować i nic spektakularnego się nie dzieje. Umiejąc spoglądać na ludzi i rzeczy wielostronnie oraz dostrzegając wszystkie elementy poboczne, a nie wyłącznie główny komponent zdjęcia, zawsze znajdziemy sposób, by zrobić ciekawą fotografię. O tym, jak ważny jest taki rodzaj postrzegania świata, przekonał mnie Marek Poźniak, który będąc moim nauczycielem na studiach, zaraził mnie fotografią elementarną i przekonał, że jej rozumienie jest kluczem do rozwijania się w fotografii w ogóle.

Jeszcze w czasach studenckich, gdy zaczynała się moja fascynacja fotografią, zachwycały mnie zdjęcia amerykańskich dokumentalistów z lat trzydziestych i czterdziestych ubiegłego wieku. Budowniczowie drapaczy chmur, ulice Chicago, Nowego Jorku czy San Francisco, fantastyczna, czarno-biała architektura miast z tamtych czasów. Gdy studiowałem, te fotografie były niezwykle popularne, często trafiały na plakaty czy prospekty i można je sobie było powiesić na ścianie. Zainspirowały mnie one do wykonania zdjęcia, które tu widzimy. Nie zrobiłem go na Manhattanie w Nowym Jorku, ale w innym mieście, które przejęło pałeczkę, jeśli chodzi o wyścig między nowoczesnymi miastami, a mianowicie podczas fotograficznej eksploracji dzielnicy Pudong w Szanghaju. Fotografia przedstawia panoramę z najwyższego do niedawna budynku na świecie Shanghai World Financial Center na pozostałą część dzielnicy oraz symbole nowoczesnych Chin: Jin Mao Tower i Oriental Pearl Tower. Patrząc z góry na metropolię, od razu przypomniałem sobie znakomite amerykańskie zdjęcia z początku ubiegłego wieku. Włączyłem w aparacie tryb HDR dla zdjęć czarno-białych, czyli umożliwiający pracę w dużej rozpiętości tonalnej. Dzięki temu w warunkach dużego kontrastu, stojąc pod słońce, zdołałem złapać na jednym zdjęciu wszystkie szczegóły w miejscach zacienionych i oblanych mocnym światłem, we mgle i smogu nad Szanghajem. Pikanterii temu zdjęciu dodaje to, że taras widokowy, z którego fotografowałem, wykonano z grubego, pancernego szkła. Oczywiście nie było ono czyste, bo tysiące turystów zostawiło na nim swoje odciski dłoni, nosa czy czoła. Na szkle były również rysy. Całość wyglądała tak jak tani filtr UV. W tym wypadku „tani" oznacza szkiełko z ograniczoną przezroczystością pozbawione powłok przeciwodblaskowych. Na dodatek stałem pod słońce, wobec czego każda rysa, każdy brud był widoczny. Sytuacja wydała mi się beznadziejna. Ale znalazłem rozwiązanie. Popatrzyłem na koleżankę, blondynkę o miłej aparycji w czarnej koszulce z aparatem w dłoni. Uśmiechnąłem się do niej... Owinąłem aparat jej czarną koszulką, tworząc coś w rodzaju tunelu, by światło nie padało w miejscu, gdzie obiektyw zbliżał się do pancernej szyby. Wcześniej przetarłem okno z kurzu i tłuszczu. W tym momencie zawahałem się, czy fotografować miasto, czy wielkie jak spodki oczy Doroty. Na szczęście patent zadziałał i miałem jej pełną akceptację – w końcu były to warsztaty i trzeba było pokazać, jak zrobić dobre zdjęcie w trudnych warunkach. Wobec braku filtra polaryzacyjnego musiała wystarczyć czarna koszulka, odblaski zostały zlikwidowane. T-shirt oczywiście nadawał się już tylko do prania. Ale skoro zniwelowaliśmy bliki, to nawet przez grubą szybę dało się zrobić zdjęcie. W takiej sytuacji obiektyw trzeba umieścić jak najbliżej szyby i szukać takiego miejsca pomiędzy rysami i załamaniami światła wewnątrz szyby, aby obraz był jak najlepszej jakości.

Sony NEX-3 | Carl Zeiss E ZA Sony, 24 mm, f/1,8 | ISO 200 . 1/100 s . f/5,6

Sony A900 | Carl Zeiss Vario-Sonnar® T* Sony, 16–35 mm, f/2,8 | ogniskowa 16 mm . ISO 200 . 1/400 s . f/9

Oto budynek opery w Los Angeles, gdzie znalazłem się miesiąc po tym, jak byłem przed operą w Sydney. Miałem okazję fotografować dwie spośród najsłynniejszych budowli świata. Ten gmach jest bardzo piękny, a zarazem trudny pod względem fotograficznym, ponieważ w całości pokrywają go wypolerowane panele aluminiowe. Los Angeles to miasto, gdzie ekspozycja słoneczna jest wyjątkowo silna. Gdy przechodzi się obok budynku opery, dostaje się taką dawkę wysokiej temperatury i błysku światła odbitego, że można się niemal usmażyć. Niezwykle trudno się to fotografuje, bo występują tu bardzo duże kontrasty, odblaski i bliki. To jest jedno wyzwanie – techniczne. Drugie stanowi odpowiednie zbudowanie kadru. Okazuje się, że jeżeli się do tego zabierzemy z głową, przestanie to być takie trudne.

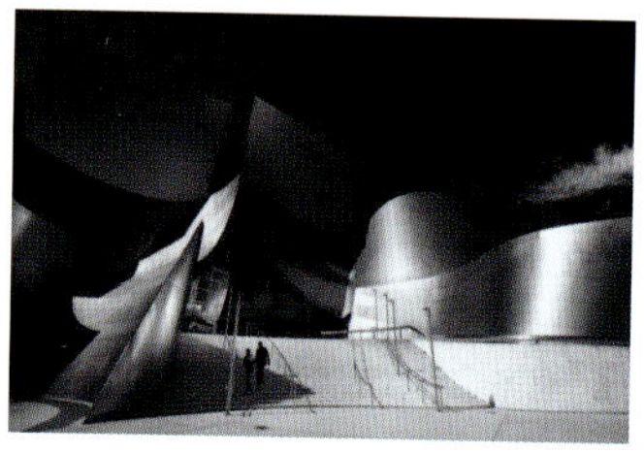

Zdecydowałem się tym razem wyjątkowo (z reguły zapisuję zdjęcia w formacie JPG) na RAW, by mieć jak największą tolerancję na różnego rodzaju prześwietlenia czy dziury w światłach, a potem móc wyciągnąć jak najwięcej detali przy edycji. Pomiar ekspozycji ustawiłem na światła, wychodząc z założenia, że najbardziej interesuje mnie to, co tam się dzieje, a zupełnie zignoruję to, co zostało w cieniach. Byłem o nie spokojny, ponieważ komponowałem obraz tak, by mieć przewagę elementów w cieniach, ale takich, które łapiąc światło odbite od elewacji po przeciwnej stronie, są rozjaśnione. Jest to trudne do sfotografowania, bo oko ludzkie widzi zupełnie inaczej niż rejestruje aparat. Fotografia cyfrowa w swojej prostocie i nowoczesności dlatego jest fantastyczna, że możemy od razu po wykonaniu zdjęcia zobaczyć, jaki uzyskaliśmy efekt. Robiąc to samo zdjęcie na slajdach, musielibyśmy z tym czekać aż do wywołania filmów. A gdybym – nie daj Boże – slajd wywołał dopiero po powrocie do Polski i okazałoby się, że połowy ważnych elementów na zdjęciu brakuje, wtedy już nic nie mógłbym zrobić.

Gdy analizuję obraz na ekranie aparatu, patrzę na histogram, sprawdzam, kiedy mam rejestrowane światła, a kiedy cienie. Uczę się tego wszystkiego i dostrajam do tego swoje widzenie, dostosowując je do możliwości aparatu. Zmuszam swój mózg, by widział tak jak aparat. Łatwiej jest mi wtedy fotografować. Tą metodą zrobiłem kilkanaście zdjęć w pełnym świetle w przedpołudniowej porze, gdy słońce nie znajdowało się jeszcze w zenicie. Udało mi się wybrać takie kadry, by zarejestrować światło, krzywizny, otoczenie, plany i perspektywę. Tu dodatkowo wprowadziłem tak zwany element ludzki, sztafaż, parę młodych ludzi, która po schodach wchodziła do góry, a przy tym była z jednej strony wyznacznikiem skali, a z drugiej dopełnieniem kadru. Gdy kadr jest przepełniony elementami technicznymi, odhumanizowany, obecni na nim ludzie powodują, że patrzymy na budowlę troszeczkę inaczej niż na kolejnym zdjęciu uwidaczniającym jedynie ściany złożone z błyszczących paneli.

Okazuje się, że gdy z nich zrezygnujemy, mamy do czynienia z kompletną abstrakcją, nie wiemy, co jest na zdjęciu, uzyskujemy typową fotografię formalną. Proszę zobaczyć, udało się zarejestrować wszystkie szczegóły w światłach i cieniach, a wbrew obawom nie ma tu żadnych miejsc bez czytelnych detali. Starałem się tak dobrać motywy, by kontrast świateł i motywu był możliwy do zarejestrowania przez aparat. Gdybym zrobił dwa kroki w bok w jedną lub drugą stronę, niektóre obszary pozostałyby prze-palone ze względu na mocniejsze operowanie słońca i zdjęcie byłoby nieudane. Fotografowanie takich obiektów stanowi duże wyzwanie, a jednocześnie sprawia ogromną przyjemność.

Sony SLT A55V | Carl Zeiss DT ZA Vario-Sonnar® T* Sony, 16–80 mm, f/3,5–4,5 | ISO 100 . 1/640 s . f/8

Kolorowa studnia to synteza fotografii elementarnej. Przedstawiającą ją fotografię zrobiłem na berlińskim blokowisku. Stolica Niemiec jest niedocenianym przez polskich fotografów miastem, a przecież wszędzie można robić zdjęcia. Jak ktoś myśli o ciekawych zdjęciach, to wspomina o Barcelonie, Paryżu czy Rzymie, a tymczasem niedaleko polskiej granicy w Berlinie znaleźć można miejsca, które idealnie nadają się na sesje fotograficzne. Miasto przeszło w czasie ostatnich dwudziestu lat ogromną metamorfozę, powstało tam mnóstwo niezwykłej architektury i rozwiązań urbanistycznych, które wspaniale się fotografuje, i ja bardzo chętnie tam właśnie jeżdżę.

Tego dnia wybrałem się na obchód berlińskich podwórek na niedawno wybudowanych osiedlach. Pretekstem był aparat NEX – zupełnie nowy. Po premierze dostałem go do testów. Czekałem całe życie na taki właśnie model – niewielki, lekki i kompaktowy, a jednocześnie robiący zdjęcia jakości porównywalnej z lustrzanką. Wreszcie mogłem pozbyć się torby fotograficznej i plecaka. Fotografowanie takim aparatem daje nieprawdopodobną radość. Możemy zrobić dwa razy więcej zdjęć i dużo więcej zwiedzić, bo nie jesteśmy zmęczeni dźwiganiem torby pełnej sprzętu. W pewnej chwili trafiłem na podwórko – studnię bloków w samym centrum Berlina – zaprojektowane przez słynnego włoskiego architekta Aldo Rossiego. W to miejsce przyprowadził mnie Marek Poźniak, mój nauczyciel i mentor, któremu chciałbym zadedykować ten rozdział. To właśnie on zaszczepił we mnie fascynację tym rodzajem fotografii. Gdy już dotarłem na miejsce, stanąłem jak wryty, zaskoczony tym, co zobaczyłem. Idealna forma geometryczna, mnóstwo fantastycznego światła, koloru, a zarazem niczym niezakłóconej formy. To Berlin, tu nie ma skrzynek na kwiaty, wiszącego prania, nawet okna prawie wszystkie są pozamykane. Idealne miejsce do fotografowania. Spacerując między blokami, zrobiłem kilkadziesiąt zdjęć. Wszystkie są w jakiś sposób interesujące, bo dostrzegłem tam zaparkowane rowery, trzepaki, podobała mi się geometria i kolory ścian. Chciałem jednak dokonać fotograficznej syntezy tego, co widziałem w rzeczywistości. Pomyślałem, że sfotografuję prześwit między budynkami z ziemi. Dzięki uchylnemu ekranowi nie musiałem się kłaść, by je zrobić, a zdjęcie jest wyrównane, ustawione idealnie w niebo. Zrobiłem jedno zdjęcie, drugie i stwierdziłem, że nadal mam poczucie niedostatku elementów kompozycyjnych. Brakowało przede wszystkim światła, dobrej pogody i błękitnego nieba, dzięki któremu pojawiłoby się więcej światła, nie było też przepływających chmur, które ożywiłyby kadr. Nie mogłem odpuścić, przychodziłem z aparatem w to miejsce jeszcze kilka razy, aż wreszcie udało mi się trafić na taką porę dnia, że światło słoneczne wpadało między budynki jak do studni – miękkie, odbite od błękitnego nieba. A do tego pojawiły się chmury. Po kilku próbach wreszcie dostałem to, o co mi chodziło, i z poczuciem ogromnej satysfakcji włożyłem aparat do kieszeni i poszedłem dalej fotografować. Nie wróciłem więcej w to miejsce, uznałem bowiem, że zdjęcie, które zrobiłem, spełniło wszelkie moje oczekiwania.

Sony NEX-5 | Sony E, 16 mm, f/2,8 | ISO 200 . 1/40 s . f/5,6

Pod koniec lat osiemdziesiątych, kiedy jako dziecko komunizmu pierwszy raz wyjechałem na zachód do Szwecji, poraziły mnie trzy rzeczy. Pierwszą z nich były wspaniałe samochody, które rozbudziły moją fascynację motoryzacją. Tym razem nie były to resoraki, lecz prawdziwe auta.

Drugą stanowiło zaopatrzenie w sklepach, gdy po wejściu do budowlanego supermarketu prawie się rozpłakałem od ilości oraz różnorodności towarów, zwłaszcza mnogości siekier i młotków.

Ale przede wszystkim oczarowała mnie architektura, w której zachwycały mnie szklane fasady. Musiałem być oszołomiony tym widokiem, bo gdy wszedłem do budynku ze szklanymi i automatycznie odsuwanymi drzwiami, wyjść już nie mogłem. Owszem, metodę bym znalazł, bo Polak potrafi, ale nie chciałem tłuc szyby. Recepcjonistka o wielkich oczach poinformowała mnie, że najlepiej się wychodzi wyjściem, a nie wejściem. Wstydu było co nie miara, ale fascynacja pozostała.

W kolejnych latach, kiedy już regularnie podróżowałem po świecie, trochę bardziej się z cywilizacją oswoiłem. Nawet w futurystycznym Tokio nie zrobiłem sobie krzywdy. Za to pokochałem to miasto szczerą miłością.

Uwielbiam nowoczesną architekturę. Kiedy jako ofiara kapitalizmu odwiedziłem komunistyczny Szanghaj, oniemiałem na widok nowoczesnej dzielnicy Pudong. Gdy doszedłem do siebie, zabrałem się za robienie zdjęć. Zrobiłem ich setki, ale dla kilku żywię szczególną sympatię.

Po wyjściu z metra na centralnym placu otoczonym drapaczami chmur, obok ministerialnego budynku zauważyłem kącik propagandy władzy ludowej. Były tam sztandary, portrety i hasła polityczne. Zafascynowała mnie ich strona plastyczna: szereg połyskujących w słońcu kolorowych flag na tle szklanych elewacji. Wszystko to było zasługą znajdującego się nisko nad horyzontem słońca. Światło idealnie eksponowało te fantastyczne kolory, a wiatr wypełniał sztandary, by dumnie powiewały. Stałem przez chwilę, podziwiając ten widok, i prawie zostałem komunistą, gdy na moje szczęście obfitość zdjęć, które miałem zrobić, i uciekające na zachód słońce przywołały mnie do porządku.

Aby wykonać to zdjęcie, musiałem rozwiązać dwa problemy. Po pierwsze pozbyć się ludzi z kadru, co w tak ludnym kraju jest trudne, a po drugie zrobić tak gęsty kadr, by zdjęcie zdominowała forma. Wybrałem stricte geometryczny kadr. Wszedłem na wysoką galerię nad ogromnym skrzyżowaniem, stanąłem przy barierce, by mieć ludzi za sobą, i założyłem teleobiektyw. Istotnie, perspektywa uległa spłaszczeniu, kadr stał się gęsty, ale zarazem zbyt ciasny. Byłem po prostu za blisko. Odsunąłem się, ale wtedy miałem tłum w kadrze. Zacząłem szukać odpowiedniego miejsca. W zasadzie to mogłem jedynie pójść wyżej. Stanąłem więc na barierce. Osiągnąłem całkiem dobrą widoczność, ale niestety ochroniarz nie podzielał mojego zdania. Z jego mowy ciała wyczytałem, że tutaj nie wolno tak stać, że to niebezpieczne. Pokiwałem mu głową ze zrozumieniem i podałem mu swoją torbę fotograficzną mówiąc: „Proszę potrzymać, tam są papiery". Zabrał torbę i zaczął oglądać jej zawartość. Podstępnie zyskałem czas na zrobienie zdjęcia. Po krótkiej chwili ochroniarz ponownie sygnalizował swój przekaz, tym razem ciągnąc mnie za nogawkę, a ja nie bardzo mogłem zejść, bo akurat wiatr nie wiał, a flagi wisiały sflaczałe. Chińczyk tymczasem szarpał mnie, chcąc zmusić do zejścia. I co zrobiłem? Zszedłem. Triumfujący mężczyzna poszedł przodem, a ja za nim. Byłem wściekły. Nagle poczułem powiew wiatru. Odwróciłem się, a flagi powiewały. Natychmiast zawróciłem na wybrane miejsce. Tego Chińczyk nie przewidział. Kiedy się już zorientował, ruszył wściekły w moją stronę, coś pokrzykując. Ale wtedy ja już byłem po zdjęciach. Zrobiłem je błyskawicznie. Jeśli chodzi o parametry techniczne, zdałem się – jak zwykle – na automatykę aparatu. Nastawiony miałem program P, aparat rozpoznał, że obiektyw ma długą ogniskową, i odpowiednio skorygował czas, przysłonę i czułość, by zdjęcie nie było poruszone. W tym momencie nie miałem nic do poprawiania w ustawieniach mojego aparatu. Miałem wizjer elektroniczny, więc spojrzałem na matówkę i po prostu oceniłem, że wyglądało dobrze: nie za jasne, nie za ciemne, kolory poprawne, więc nacisnąłem spust migawki. Szybciej się nie da.

Zeskoczyłem, mówiąc:
– Dobrze już, dobrze. Ma pan rację – to niebezpieczne.

Ot, niepokorne dziecko komunizmu.

Sony NEX-7 | Sony E, 55–210 mm, f/4,5–6,3 | ogniskowa 150 mm . ISO 100 . 1/250 s . f/7,1

Tego dnia miałem już dość awantur, ale nie dość zdjęć. Wyjątkowo dobre światło zachęcało do fotografowania. Czasu pozostawało mi niewiele, najwyżej pół godziny, a dzielnica Pudong była olbrzymia. W Szanghaju jest ponad trzysta drapaczy chmur, więc jest co fotografować. Ruszyłem w stronę centralnego punktu dzielnicy, czyli parku. Otacza go dosłownie las wieżowców. Stąd miałem doskonały widok. W którąkolwiek stronę spojrzałem, miałem w kadrze fascynującą architekturę. Ale ponownie pojawił się problem tłumu na ulicach i czystego kadru. Musiałem znaleźć miejsce wysoko ponad głowami ludzi i drzewami. Wybór padł na luksusowe centrum handlowe tuż obok Shanghai World Financial Center, drugiego pod względem wysokości budynku na świecie. Sama galeria handlowa miała zaledwie cztery piętra i wyglądała bardziej jak krawężnik pośród kamienic w zwykłym mieście, ale to wystarczyło. Na dachu był taras z restauracją dla finansistów i biznesmenów. W swoich krótkich spodenkach nie bardzo pasowałem do tej grupy ludzi. Nie miałem jednak innego pomysłu ani lepszego miejsca, a tym bardziej czasu na jego szukanie. Wjechałem na górę i tak jak się spodziewałem, na drodze do mojego szczęścia stanął kelner albo – jak kto woli – kierownik sali. Miałem dwie możliwości. Pierwsza polegała na tym, żeby powiedzieć mu wprost, że chciałbym zrobić zdjęcie z tarasu. Czasem to wystarcza w normalnych krajach, ale też zdradza nasze prawdziwe intencje, więc jeśli nie uzyskamy zgody na fotografowanie, to już raczej nic nie zdziałamy. Druga to usiąść przy stole i coś zamówić, a potem już jako klient od niechcenia niby coś sfotografować. Jednak na widok srebrnych sztućców odechciało mi się jeść. Wybrałem trzecią drogę. Spojrzałem w oczy kelnerowi i powiedziałem, że nazywam się Szulc i jestem umówiony z panem Szmitem. „Czy on jest na sali?" – zapytałem. W Szanghaju jest dużo niemieckich firm, a ja wyglądam raczej na Niemca niż Chińczyka. Konsternacja kelnera sprawiła, że zaczął gorączkowo szukać informacji. Czułem, że jestem górą. Dodałem więc pewny siebie: „Mam mu tutaj zrobić kilka zdjęć na tarasie, jestem fotografem z Europy". Teraz zabrzmiało to już bardzo poważnie. Kelner odpowiedział, że nic na ten temat nie wie, i z tego, co mu wiadomo, nie ma tutaj pana Szmita. Dodał, że nie zna wszystkich gości, więc jeśli mogę rzucić okiem i sam go rozpoznać...

W ten oto sposób zostałem zaproszony do środka. Wszedłem, rzuciłem okiem na osoby przy stolikach, rozejrzałem się dookoła i dostrzegłem fantastyczną panoramę drapaczy chmur. „Niestety nie widzę tutaj pana Szmita, widocznie się spóźnia – powiedziałem do kelnera. – Jeśli mogę, to zaczekam tutaj na niego i przygotuję sobie odpowiednie kadry". Kelner skinął głową. Zacząłem fotografować, spokojnie i metodycznie. Pora była doskonała, a światło idealne. Podpiąłem do aparatu długi obiektyw i wycelowałem w stronę szklanych elewacji, w których odbijało się zachodzące słońce. Długa ogniskowa dobrze skraca perspektywę, kadr stał się więc gęsty. Zawsze, kiedy robię zdjęcia pod wieczór, najpierw używam długiej ogniskowej, z którą najtrudniej pracować przy niskim poziomie oświetlenia ze względu na konieczność używania krótkiego czasu migawki i, co za tym idzie, zwiększania czułości. W sytuacji, kiedy z każdą minutą robi się ciemniej, ma to duże znaczenie. Po nasyceniu karty pamięci kadrami tego typu zmieniam obiektyw na szerokokątny. Dalej robię zdjęcia, ale te są już zupełnie inne.

Wyciągnąłem telefon, sprawdziłem wiadomości i ruszyłem w stronę kelnera. Powiedziałem mu, że pan Szmit dziś nie da rady przyjechać. „Będę w pobliżu jakby co, teraz schodzę na dół, bo może tam jest lepsze miejsce" – dodałem. W ten oto sposób ruszyłem na dalsze zwiedzanie i fotografowanie miasta. Ale to już inna historia.

Sony NEX-7 | Sony E, 55–210 mm, f/4,5–6,3 | ogniskowa 180 mm . ISO 200 . 1/125 s . f/5

Z pozoru to zwykłe, banalne zdjęcie, ale gdy zdradzę, że musiałem wyjechać do Los Angeles, by je zrobić, i że zajęło mi to około czterdziestu minut, z pewnością wzbudzi ono zainteresowanie. Na dodatek po drodze zostałem zatrzymany przez policję, która była zdziwiona tym, że kręcę się wokół zwyczajnego domu i z różnych stron go fotografuję. Policję powiadomili lokatorzy, zaniepokojeni, że jakiś białas kręci się tu z aparatem i fotografuje. Historia zaczęła się niewinnie: pojechałem ze znajomymi z Los Angeles do wróżki, oni poszli poznawać swoją przyszłość, a ja, czekając na nich, postanowiłem wykorzystać czas na fotografowanie. Dzielnica była tak zwyczajna, że po kilku minutach nie wiedziałem, co mam ze sobą zrobić. Zobaczyłem jednak elewację budynku i cień, jaki na budynek rzucała lampa uliczna. Wydawało mi się, że to będzie ciekawe. Gdybym pokazał całą elewację budynku z dachami i drzwiami, okazałoby się, że nic tu ciekawego nie ma. Dostrzegłem, że fragment budynku z szeregiem okien tworzy interesującą kompozycję geometryczną. Światło, które intensywnie opromieniało elewację, było tak dobre, że eksponowało fakturę muru, a cień rzucany przez latarnię dopełniał całości. Zrobiłem jedno zdjęcie, drugie, trzecie, ale cały czas coś nie grało. Albo cień znajdował się ze złej strony, albo nie komponował się tak, jak powinien, więc chodziłem, fotografowałem z różnych punktów, różnymi ogniskowymi. Nie mogłem jednak użyć obiektywu o bardzo szerokim kącie, bo zaczęłaby mi się psuć geometria i nie dałbym rady uwiecznić idealnie prostopadłej elewacji. Potrzebowałem do tego odpowiedniego obiektywu. Dobrze, teleobiektyw może bym znalazł, ale okazało się, że za mną jest ruchliwa droga, a ruchliwa droga w Stanach to ni mniej, ni więcej jak potok samochodów. Musiałem się między nimi kręcić i fotografować przy akompaniamencie klaksonów, jak również – co tu dużo mówić – szczerych życzeń najgorszego. Wtedy okazało się, że jacyś sąsiedzi na mnie donieśli, przyjechała policja, musiałem pokazywać zdjęcia i tłumaczyć policjantowi, że ja nic złego nie robię, tylko fotografuję, że jestem fotografem z Polski, a tu jest bardzo ładnie. Równie dobrze mogłem powiedzieć, że jestem z Wenus i bardzo lubię Elvisa. Policjant spojrzał na mnie z politowaniem i pouczył mnie, żebym nie biegał między samochodami i nie dręczył lokatorów, bo to może się źle skończyć. Musiałem odczekać chwilę, żeby sytuacja się uspokoiła, a po dwudziestu minutach znowu pojawiłem się z aparatem. Wtedy cień znajdował się już we właściwym miejscu, tak jak sobie to zaplanowałem. Ostatecznie zrobiłem to zdjęcie, narażając swoje życie, sprzęt i unikając też zatrzymania przez policję, co zależało jedynie od kaprysu pana władzy, a pobyt w amerykańskim areszcie nie należy do przyjemnych.

To kolejny przykład potwierdzający zasadę, że cel uświęca środki, a nuda jest bardzo dobrą inspiracją. Jeżeli więc chcemy i możemy zrobić zdjęcie, zabierzmy się za to. Z aparatem w ręku nuda nam nie grozi.

Sony SLT A55V | Carl Zeiss DT ZA Vario-Sonnar® T* Sony, 16–80 mm, f/3,5–4,5 | ogniskowa 35 mm . ISO 100 . 1/400 s . f/10

Ściana z elementem na pierwszym planie, podobna jak na poprzednim zdjęciu, tym razem jednak w Brazylii. To piękny kraj, pełny fantastycznych ludzi i miejsc do fotografowania, tymczasem zdjęcie powstało na budowie gdzieś w głębi kraju, w centrum niczego. Nawet nie pamiętam, jak nazywało się miasto, i nie to jest ważne. Krzątałem się z aparatem fotograficznym to tu, to tam. Przechodząc wzdłuż drogi, wypatrzyłem taką oto scenę: dom, jeszcze w budowie, a obok niego maszt z flagą. Najciekawsze było to, że w jednym z okien zauważyłem stojącego człowieka. Decyzja nie mogła być inna – postanowiłem to uwiecznić na zdjęciu. Musiałem wybrać odpowiedni obiektyw, kompozycja geometryczna powinna być w takim wypadku bardzo precyzyjna. Zdecydowałem, że na pierwszym planie znajdzie się czerwona flaga, na drugim budynek i człowiek, który jeszcze stał, ale w każdej chwili mógł sobie pójść. Flaga łopotała cały czas na wietrze, trzeba więc było poczekać, by nie wisiała ani też całkowicie rozpostarta nie przesłoniła człowieka. Gdy te elementy się zgrały, wystarczyło przycisnąć spust migawki i zdjęcie było gotowe. Zasada „Miej oczy szeroko otwarte w każdej sytuacji" potwierdziła się w stu procentach. Czy to zdjęcie jest interesujące? Lubię takie zdjęcia pozbawione dosłowności, na których pod kamuflażem formy, światła, padających cieni i koloru widać, że jest upalnie i sucho, a wiatr targający flagą nie daje ukojenia, lecz jest gorący, typowo zwrotnikowy. Jednocześnie sama flaga przełamuje geometryczność budynku, jego sztywną konstrukcję. Z kolei człowiek stojący w oknie niweluje wrażenie opustoszenia, alienacji, dodając figlarności całemu ujęciu. Taka zakodowana informacja na temat dnia została zapisana na tym zdjęciu.

Sony A900 | Sony, 28–75 mm, f/2,8 | ogniskowa 75 mm . ISO 100 . 1/320 s . f/5,0

Płynąłem promem przez Wisłoujście w Mikoszewie, by dostać się na drugą stronę Wisły, gdy warunki atmosferyczne zaczęły się psuć. Natychmiast włączył mi się alarm, chwyciłem aparat i zacząłem szukać motywu. „Ale co sfotografować?" – zapytałem się w duchu. Moją uwagę przykuł jakiś metalowy element pomalowany jaskrawoczerwoną farbą olejną, dookoła którego pełno było błyszczącego smaru. Pomyślałem, że jest to świetny motyw, więc już wiem, co będę fotografował. Teraz musiałem się zastanowić, jak to zrobić. Jak połączyć w jednym kadrze czerwone koło i uwalany smarem fragment promu z nadchodzącą z daleka burzą? Gdybym się skupił na detalu, nie miałbym w kadrze chmur. Z oczywistych względów zdecydowałem się na obiektyw o bardzo szerokim kącie, by element, który znalazł się na pierwszym planie, mocno przerysować. Chcąc pokazać całą scenografię i topografię sceny, wybrałem kadr pionowy. Dzięki temu powstała surrealistyczna atmosfera, a o to właśnie chodziło. Przerysowane koło dodaje zdjęciu uroku. Na koniec pozostaje kwestia barwy. Jak uzyskać niesamowite kolory? Z pomocą przyszła mi natura, nadciągnęły burzowe chmury, przez które przebłyskiwało trochę światła, zobaczyłem też bliki na wodzie, zacząłem więc robić zdjęcia. Potem w postprodukcji za pomocą krzywych tak dobrałem kontrast, by niepotrzebne elementy zgubić w czerniach, a to, co chcę pokazać – podkreślić światłem. Tak zostało to zdjęcie zrobione i to nie są jakieś czary-mary, prosta perfekcyjna ekspozycja, tak byśmy mieli zarejestrowane wszystkie szczegóły na niebie i kole, czyli w światłach i cieniach. Potem, na koniec, tylko zwiększyłem kontrast. Oczywiście ostrość jest ustawiona na koło zaworu, a właściwie na trzpień mocujący to koło. To bardzo ważne przy fotografowaniu detali, cechą fotografii elementarnej jest perfekcja techniczna zdjęcia. Jeśli koło jest najważniejszym elementem naszego zdjęcia, to musi się ono tak odróżniać od tła, byśmy widzieli fakturę farby, żelastwa, smaru. Ostrość powinna być ustawiona za pomocą punktowego autofokusa, który zmierzy ją dokładnie w tym miejscu, w którym chcemy. Gdy zbierzemy te wszystkie parametry i zrobimy zdjęcie, później w procesie postprodukcji możemy sobie pozwolić na dopieszczenie całości zmianą kontrastu za pomocą krzywych

Sony A900 | Carl Zeiss Vario-Sonnar® T* Sony, 16–35 mm, f/2,8 | ogniskowa 16 mm . ISO 100 . 1/60 s . f/6,3

By zrobić to zdjęcie, nie musiałem jechać w daleką podróż. Ten motyw znalazłem nieopodal mojego warszawskiego domu. Przez Polskę przechodziła wtedy fala powodzi, a ja, ponieważ mieszkam blisko Wisły, odczułem grozę zbliżającej się wielkiej wody. Razem z innymi mieszkańcami okolicy często wychodziliśmy na wały wiślane, by sprawdzać, czy woda się przelała i już trzeba wiać, czy do przerwania wałów jeszcze trochę zostało. W trakcie jednej z takich wędrówek miałem oczywiście ze sobą aparat. Podczas patrolowania wałów przechodziłem obok piaskarni, w której wydobywa się piasek z dna Wisły. Maszyny już stamtąd zabrano, trafiłem jednak na zwiniętą, niezabraną gąsienicę od koparki. Nie muszę mówić, że motyw ten, choć pozornie zwyczajny, od razu wzbudził moje zainteresowanie. To był fantastyczny temat na fotografię. Wywołał on u mnie proste skojarzenie ze ślimakiem, który prześlizguje się przez wodę. Zrobiłem zdjęcie trochę dramatyczne: świeża, soczysta, czerwcowa zieleń sąsiaduje z zardzewiałym metalem gąsienicy, a w tle widać ciężkie, frontowe chmury, które sprowadziły ulewę, sprawiając, że rzeka wezbrała.

Choć temat zdjęcia jest banalny, przeanalizujmy jego formę: gąsienica umiejscowiona pod pewnym kątem, lekko przesunięta w bok kadru. to klasyczne zdjęcie produktowe z drzewami w tle, wykonane w plenerze z zachowaniem realiów, bez zbędnego kombinowania z kolorem czy fakturą obrazu. Zdjęcie zrobiłem aparatem ze standardowym zoomem, na maksymalnej ogniskowej przy w pełni otwartej przysłonie. Ograniczenia sprzętowe, na które wtedy utyskiwałem, nadrobiłem klasycznym ujęciem tematu. Gdybym miał torbę ze sprzętem i mógł zmienić miejsce, z którego fotografowałem, z pewnością zrobiłbym o wiele więcej. Ale jak się nie da zrobić czegoś tak, jak się chce, to robi się tak, jak się da i potrafi, pamiętając o zupełnie klasycznych ujęciach tematu.

Sony NEX-3 | Sony E, 18–55 mm, f/3,5–5,6 | ogniskowa 38 mm . ISO 200 . 1/13 s . f/4,5

Po nowoczesnych miastach jeździ się metrem. Nie lubię tego sposobu poruszania się jako turysta, bo pod ziemią nic nie widać. Trzeba jednak przyznać, że jest sprawnie i szybko, zwłaszcza w takich miejskich molochach jak Nowy Jork, Londyn czy Szanghaj. Metro w biznesowej stolicy Chin jest najdłuższe na świecie i liczy ponad 420 km. Trudno to sobie wyobrazić, zwłaszcza mieszkańcom Warszawy. Przez grzeczność nie napiszę, jak długo budowano to metro. Tak więc skazany na podziemia zostałem krecikiem z aparatem. Podglądałem i fotografowałem tętniące podziemne miasto. Używałem małego i dyskretnego bezlusterkowca, by swoją osobą nie drażnić otoczenia, przechodniów, ochroniarzy czy monitoringu. Jadąc do góry ruchomymi schodami, zwisałem przez poręcz i szukałem inspiracji, próbując się wyrwać z tłumu głów. Fotografowałem sąsiadów jadących w dół. Tłum ludzi jednak tak napierał, że musiałem się poddać fali i choć schody same jechały, musiałem się po nich jeszcze wdrapywać do góry. Po całym dniu to było dla mnie za dużo. Na następnych schodach zwolniłem i puściłem tłum przodem, sam na nie wchodząc już na końcu. Spojrzałem w górę i osłupiałem. Moją uwagę zwrócił fantastyczny temat elementarny: forma, faktura metalu, światło, geometria, barwa, a ponadto socjologiczny przekaz. Na moje szczęście te schody były długie i jechałem po nich do góry przez pewien czas. Wykorzystałem to na przygotowanie się do zrobienia zdjęcia. Aparat wisiał na pasku, na wysokości bioder, ustawiony na tryb automatyczny, zaopatrzony w szeroki kąt. Włączyłem mu tryb seryjny, czułość ustawiłem na Auto. Miałem w kadrze wydłużoną perspektywę, fantastyczne bliki i refleksy świetlne na stalowych ścianach, przez środek kadru do żółtej strzałki biegła żółta linia, dostrzegłem też człowieka stojącego idealnie na linii. Byłoby świetnie, gdyby nie to, że na plecach miałem tłumek ludzi, którzy na mnie napierali, a ja musiałem czekać na właściwy moment, by zrobić zdjęcie – na moment, kiedy ów człowiek z plecakiem wjedzie na szczyt i ustawi się dokładnie pod tablicą, będąc przedłużeniem linii. Ale tłum napierał i co chwilę ktoś mnie szturchał. Ja rozstawiłem swoje europejskie bary, i stanąłem jak słup, udając głupiego. Obawiałem się, że ktoś mnie szturchnie lub wyprzedzi akurat w momencie idealnym do zrobienia zdjęcia. A te schody jak zaczarowane jadą, jadą i dojechać nie mogą. Pewnie to samo myśleli atakujący mnie z tyłu. Odwróciłem się i z uśmiechem godnym wampira, wskazując wzrokiem na wycelowany aparacik, rzekłem „Uno momento", co miało nadać powagi całej sprawie. Wzrok Chińczyków był wymowny. Jeśli kiedyś nas podbiją, to tak będą się z nami witać. Zyskałem trochę na czasie, odwróciłem się i kiedy nadszedł właściwy moment, nacisnąłem spust migawki.

Sony NEX-7 | Sony E, 16 mm, f/2,8 | ISO 1250 . 1/60 s . f/3,2

Oto kolejne zdjęcie formalne, którego główny akcent stanowi krzesełko. Ono również pochodzi z Australii, a dokładniej z okolic Brisbane, gdzie trafiłem na fantastyczną, sielankową scenę. Krzesełko sfotografowałem tuż po jednej ulewie i na chwilę przed kolejną. Mam to szczęście w swoim podróżniczym życiorysie, że czas, który początkowo zamierzałem trawić pod błękitnym niebem nad lazurowym morzem, spędzam w końcu pod niebem pełnym ciężkich chmur i strug deszczu. Był to okres, kiedy w stanie Queensland szalały niespotykane powodzie.

Ta fotografia z jednej strony jest formalna, pokazuję tu bowiem pewną formę, kompozycję ściany, krzesła i desek, a z drugiej to dokumentalne zarejestrowanie stanu miejsca, w którym się znalazłem. To kurort, miejscowa mekka turystyczna, gdzie zwykle przyjeżdżają tłumy. Jednak w obliczu zbliżającej się powodzi miejsce opustoszało, a o jego świetności przypomina jedynie mural wymalowany na ścianie wędkarskiej chaty i to jedno pozostawione tu krzesło. W tle widzimy, że niebo zasnuwają ciężkie, burzowe chmury, a rzeczywistość nie jest tak kolorowa jak na tym propagandowo-marketingowym obrazku. To synteza fotografii elementarnej i dokumentalnej, synteza treści, formy, barwy, ostrości i perspektywy. Muszę się pokusić o mentorskie przynudzanie.

Fotografowanie w słońcu ma swoje zalety. Zyskujemy wtedy wysycone kolory i świetny kontrast; wszystko staje się ostre, ładne i kolorowe, pomijając oczywiście fotografowanie ludzi i ekstremalnie duże kontrasty. Czas niepogody tuż przed deszczem lub zaraz po nim jest mało popularny wśród fotografów, bo pojawiają się wtedy same kłopoty. Jest szaro, zimno, nieprzyjemnie i pusto. Ja, ponieważ byłem na końcu świata i zamierzałem tu pozostać przez najbliższe dziesięć–piętnaście minut, a potem wsiąść do samochodu i ruszyć w podróż, chcąc nie chcąc, musiałem fotografować. Przez wszystkie lata fotografowania w warunkach, które mnie nie rozpieszczały, nauczyłem się, że trzeba to robić zawsze. Wiem, że fotografowanie w deszczu czy w takich warunkach, które znacznie się różnią od stereotypowo uważanych za sprzyjające robieniu zdjęć, bywa trudne, ale ma ono również zalety. W pochmurne dni przede wszystkim kolor światła staje się specyficzny, a to sprawia, że nie mamy takiego kontrastu ani takiego nasycenia barw jak w słońcu. Po deszczu wszystkie powierzchnie i faktury są błyszczące, drewno zmoczone wodą (jak na tym zdjęciu) zmienia się. Ponieważ brakuje bezpośredniego światła, staje się ono mniej kontrastowe, bardziej rozproszone, przypomina raczej studyjne światło z softboksa Jest miękkie, bezcieniowe i sprawia, że przedmiot czy powierzchnia wygląda zupełnie inaczej niż w ostrym świetle słonecznym. Jeśli tylko dobrze motyw sfotografujemy, brak słońca wcale nie musi oznaczać, że zdjęcia wyjdą szarobure. Kluczem do fotografowania w takich trudnych warunkach jest prawidłowa ekspozycja. Wielu fotografów ma z tym problem, dlatego że w nietypowych warunkach nowoczesne aparaty po prostu oszukują, ponieważ źle mierzą ekspozycję. Jeśli fotografujemy w dzień słoneczny, najczęściej mamy pierwszy plan oblany słońcem, a niebo wysyca się błękitem, a nie bielą. Aparat wtedy automatycznie mierzy ekspozycję, a wszystko

Sony A900 | Carl Zeiss Vario-Sonnar® T*Sony, 16–35 mm, f/2,8 | ogniskowa 16 mm . ISO 100 . 1/60 s . f/5,6

pozostaje klarowne i kolorowe. Jeżeli fotografujemy w pochmurny dzień, niebo jest najczęściej białe, jednakże na zdjęciu wychodzi ono często szare. Dlaczego tak się dzieje? Można zrobić prosty eksperyment, fotografując białą kartkę papieru na automatycznej ekspozycji, tak jak to robi aparat – kartka na zdjęciu nigdy nie wyjdzie biała, lecz szara. To jest podstawowa zasada ekspozycji, czyli umiejętności eksponowania. Wszystkie światłomierze, które robią pomiar na białej kartce, nie pokazują czystej bieli tylko mniej więcej 18% szarości. Każdy aparat jest przystosowany do tego, by prawidłowo oddawać ludzką twarz i do niej właśnie dostosowuje ekspozycję. W związku z tym, gdy w kadrze mamy przewagę jasnego nieba, to automat może się pomylić, ustawiając ekspozycję właśnie na te jasne obszary kadru, i uzyskamy zdjęcie zbyt ciemne. Co zrobić w takiej sytuacji, by zdjęcie było dobre? Jeśli fotografujemy w deszczu albo przy znacznym zachmurzeniu, zawsze musimy przyłożyć się do pomiaru światła, zakładać korektę ekspozycji albo mierzyć ją w odpowiednich punktach, aby aparat nie sondował jedynie szarości chmur – to pierwsza zasada. Druga głosi, że trzeba tak dobierać kadry, by obszar nieba, na którym i tak nic nie ma (prócz oczywiście szarych chmur) był jak najmniejszy. Okaże się, że aparat zupełnie inaczej zmierzy światło, a wtedy, mimo że jest pochmurno, trochę koloru uda się wydobyć. Bez wątpienia podstawę stanowi rzeczywisty kolor, a jeżeli fizycznie brakuje barwy i światła, skąd miałyby się one wziąć na zdjęciu? Omawiana fotografia niech posłuży za przykład. To, co w rzeczywistości jest barwne, na zdjęciu również wyjdzie kolorowe, a to, co wyprane i szare, takie ukaże się na obrazie.

To zdjęcie zrobiłem właściwie dla zabicia czasu. Wybrałem się z kumplami na plener fotograficzny w moim rodzinnym Świnoujściu, mieście znanym z tego, że ma prom samochodowy, który przecina szlak wodny statków pełnomorskich. Dla nas, mieszkańców Świnoujścia, to utrapienie, dla turystów – atrakcja, przynajmniej za pierwszym razem. Jednak gdy trzeba czekać na prom dwie–trzy godziny, nawet turyści czują się jak główni bohaterowie horroru. Zanim na dobre wyprawa się zaczęła, zatrzymaliśmy się na tym właśnie promie. Spotkała nas sytuacja stuprocentowo zgodna z prawem Murphy'ego: promu nie ma, bagażnik wyładowany aparatami fotograficznymi, a doskonałe światło ucieka. Cóż było robić? Czekając na ten nieszczęsny prom, poszliśmy pospacerować wzdłuż kei, oczywiście z aparatem w ręku. Bawiłem się obiektywem 300 mm ze światłem 2,8, białym, dużym i ciężkim, przeznaczonym do fotografii sportowej czy modowej. Miałem go do testów, chciałem więc zrobić różnego rodzaju zbliżenia, jakieś rytmy, pobawić się głębią ostrości, słowem: uczynić cokolwiek, aby tylko sprawdzić, jak pracuje się takim egzotycznym, bo doskonałym i drogim jak przyzwoity samochód obiektywem. Spacerując, znalazłem interesujący motyw: z jednej strony kei znajdowały się polery, do których cumuje się statki, z drugiej – pomalowana na biało-czerwono barierka. Skrót perspektywy spowodował, że stały się one nieidentyfikowalne, a ja ustawiłem się tak, by światło padało w kontrplanie, tworząc interesujące smugi. Fotografowałem adekwatnie do długości ogniskowej na krótkich czasach migawki z preselekcją jak najmniejszej przysłony, ale oczywiście na automatyce ekspozycji. Uważam, że skoro już się używa tak wyjątkowego obiektywu, to bez sensu jest nie wykorzystać tego, że płaci się ogromne pieniądze za możliwość skutecznego fotografowania przy pełnej przysłonie. Innymi słowy: używanie takiego obiektywu na przysłonie 8 to marnowanie tkwiącego w nim potencjału.

W pewnym momencie przez moją matówkę przeleciał jakiś ptaszek, a ja odruchowo nacisnąłem spust migawki i właśnie wtedy udało mi się zrobić zdjęcie. Chociaż fotografowałem zupełnie co innego, tak się szczęśliwie złożyło, że ptak uniósł skrzydła do góry, a zachodzące słońce podświetliło je na czerwono – wygląda, jakby jego skrzydła płonęły.

Zdjęcie jest dla mnie satysfakcjonujące. Mimo że zwykle fotografuję w trybie seryjnym, wtedy robiłem zdjęcia pojedyncze i to była jedna jedyna klatka, na której ptaszek się zapisał. Jest w tym dużo szczęścia, ale jak się okazało, sprzyja ono tym, którzy go szukają. Gdyby aparat leżał w bagażniku, a ja nie wziąłbym go do ręki i nie szukał jakiegoś interesującego motywu, nawet od niechcenia, jako że niewiele było do fotografowania, to z całą pewnością nie zrobiłbym udanego zdjęcia.

Sony A700 | Sony G, 300 mm, f/2,8 | ISO 100 . 1/500 s . f/4

Promenada w Venice, dzielnicy Los Angeles, to miejsce wyjątkowe. Nie mam pewności, czy porównanie jej do zakopiańskich Krupówek okazałoby się trafne, jako że i wygląda ona odmiennie, i inna panuje tam kultura, ale w Los Angeles pełni ona taką samą funkcję jak Krupówki w Zakopanem. Gromadzą się tu różnego rodzaju artyści. Notabene, zostałem pouczony przez moich amerykańskich przyjaciół, że gdybym z kimś rozmawiał o tym, czym się zajmuję, mam nie mówić o sobie, że jestem artystą. Tutaj to synonim kloszarda bez kasy albo niegroźnego szaleńca, który ubrawszy stringi, będzie jeździł po bulwarze na rolkach z megafonem na plecach i udawał Jimiego Hendriksa. Takie mniej więcej skojarzenia budzą w Mieście Aniołów artyści. Przypuszczam, że to pokłosie złotej ery amerykańskiej kultury, ery hipisowskiej. Spacerując po bulwarze, zastanawiałem się, jak skwitować fotograficznie miejsce, w którym się znajduję, za pomocą detalu. Fotografia elementarna czy – innymi słowy – formy, którą kształtuje światło, jest jedną z moich ulubionych. W czasie studiów w szkole filmowej ten gatunek fotografii był pielęgnowany przeze mnie i intensywnie promowany przez moich wykładowców. Na przełomie lat osiemdziesiątych i dziewięćdziesiątych, gdy fotografia elementarna cieszyła się ogromną popularnością nie tylko w Polsce, ale i w Europie, stała się ona wizytówką europejskiej fotografii. Dlaczego była promowana przez wykładowców? Bo to bardzo dobry temat do działań szkoleniowych. Z tego samego powodu ja również często podczas warsztatów sięgam po typowe dla niej motywy. Uprawiając ją, trzeba się wykazać znajomością kompozycji geometrycznej, dobrym odwzorowaniem detalu, czyli nienaganną ostrością, musimy fotografować tak, by światło w sposób jak najpełniejszy tworzyło kompozycję obrazu, a także malowało przedmiot, który fotografujemy.

Znalazłem charakterystyczny dla Kalifornii parking dla rowerów, a moją uwagę zwrócił ich tęczowy kolor. Rowery przypominały harleye, miały finezyjnie wygięte ramy, pomalowane były jaskrawymi kolorami ze świecącym brokatem i wszystkie oświetlone promieniami zachodzącego słońca. Kiedy wypatrzyłem ten motyw, nie mogłem się oprzeć pokusie jego sfotografowania. Zafascynował mnie szczególnie ten fragment, na którym ramy rowerów krzyżowały się z widelcami, a jaskrawe kolory podkreślały ich rysunek. Operując przysłoną, czasem otwarcia migawki, światłem i ostrością, osiągnąłem zadowalający efekt. Wszystko w jednym miejscu, na jednym banalnym w swej prostocie zdjęciu zamyka się w ikonograficznej kompozycji będącej wizytówką Kalifornii, a wraz z nią promenady w Venice, o której można też powiedzieć, że jest skansenem minionej epoki.

Sony SLT A55V | Sony DT SAM, 18–135 mm, f/3,5–5,6 | ogniskowa 105 mm . ISO 100 . 1/125 s . f/4,5

To zdjęcie jest tyleż zaskakujące, ile ciekawe, i często wywołuje u wielu uśmiech na twarzy. Wykonałem je w miejscu powszechnie znanym – na Małym Rynku w Sandomierzu, gdzie stoi rzeźba Cezarego Łutowicza *Zakotwiczono niebo* przedstawiająca kotwicę i wspinający się od niej ku niebu łańcuch. Wiele osób ją fotografuje, ale mało kto znalazł ciekawy punkt widzenia. Zwykle gdy ktoś zobaczy tę fotografię, mówi: „O, takiego zdjęcia to jeszcze nie widziałem". Wzbudzając pewnie zaciekawienie wśród mieszkańców Sandomierza, zacząłem biegać wokół kotwicy i fotografować ją, szukając odpowiedniego kadru. Dzięki temu, że miałem aparat z uchylnym ekranem, nie musiałem kłaść się na ziemi, co było dużym ułatwieniem, ponieważ gościłem tam wczesną wiosną i warunki były niezbyt komfortowe. Ustawiłem się z aparatem tak, by łańcuch wystawał z dolnego rogu kadru i znikał gdzieś w nieskończoności w jego samym środku. Wykonałem kilka kombinacji takiego kadru i stwierdziłem, że ten, na którym łańcuch strzela w jego środek, jest najbardziej frapujący i najbardziej geometryczny. Łańcuch był krótki, więc każde ogniwo miało znaczenie podczas fotografowania, ponieważ chciałem pokazać, że niknie on gdzieś w nieostrości. Patrząc na zdjęcie, można odnieść wrażenie, że rzeczywiście biegnie on w kosmos, a nie urywa się w środku kadru. Do tego potrzebna była mała głębia ostrości i odpowiednia perspektywa, a osiągnąłem ten efekt, używając najszerszego obiektywu, jaki wtedy miałem, czyli 11 mm. Zamierzając nadać zdjęciu dramatyzm, wykorzystałem element zdrapanej z ogniw farby, żeby wyjść poza kolor niebieski i czarny. Powstało w ten sposób zdjęcie zaskakujące, bo choć wszyscy znają i Mały Rynek, i pomnik, nikt pewnie jeszcze takiego ujęcia nie zrobił. Zdjęcie, co prawda, jest już dość dobrze znane, więc pewnie bywa kopiowane na wszystkie sposoby, ale gdy je robiłem, było raczej świeżym i oryginalnym spojrzeniem na rzeźbę Łutowicza.

Sony A550 | Sony DT, 11–18 mm, f/4,5–5,6 | ogniskowa 11 mm . ISO 200 . 1/200 s . f/5,6

Brazylia wszystkim kojarzy się ze słońcem, pejzażami i oceanem. Spójrzmy na kolejne zdjęcie z tego pięknego kraju – równie dobrze mogłoby pochodzić z dowolnego miejsca na Ziemi. Po raz kolejny mówię o takim zdjęciu, bo niezależnie od tego, gdzie się znajduje, fotograf powinien zwracać uwagę na wszystko, co się wokół niego dzieje, na każdy detal, a nie tylko na to, co jest charakterystyczne dla danego kraju. W Brazylii oczywiście skupiamy się na tym, co egzotyczne, ale zupełnie swojskie elementy również mogą cieszyć oko. Tu widzimy czystą fotografię, formalną, wykonaną podczas tankowania na stacji benzynowej gdzieś w Brazylii, w żadnym szczególnym miejscu. Otwarte okna rzucają cień, widzimy fakturę ściany, kolor niebieski i granatowy. To niezwykle prosty kadr. Z punktu widzenia fotografa dokumentalisty powinienem dopowiedzieć, że to ściana od miejscowych toalet, ale nieistotne jest, że zrobiłem to zdjęcie podczas ich poszukiwania. Uwielbiam tego typu formę, zabawę geometrią. Fotografuję takie miejsca niezależnie od tego, gdzie się znajduję. Wypatrywanie tego rodzaju smaczków sprawia mi ogromną radość i zawsze rozglądam się bacznie, by je odnaleźć. Być w Brazylii i fotografować szalety na stacji benzynowej – to może świadczyć o estetycznej dewiacji, wizualnym masochizmie albo degeneracji kreatywności stosowanej. Ale świat ma wiele twarzy, a podróżnik powinien poznać ich jak najwięcej. Wszystko wszak jest dla ludzi. Jak zwykle ważne są proporcje poznania.

Sony NEX-5 | Sony E, 18–55 mm, f/3,5–5,6 | ogniskowa 55 mm . ISO 200 . 1/640 s . f/8

Do każdej podróży, niezależnie od tego, gdzie zmierzamy, trzeba się przygotować fizycznie i psychicznie. Jeśli jest się gdzieś daleko, na końcu świata, to nie ma sensu marnowanie czasu na siedzenie w hotelu czy w restauracji. W związku z tym moje boje poznawcze i fotograficzne zawsze zaczynają się przed wschodem słońca, a kończą późno w nocy. A to jest właśnie przykład zdjęcia, które zrobiłem po zmroku. Byłem po późnej kolacji, wracałem do hotelu uliczką chińskiej Wenecji – Zhouzhuang – oczywiście ogromnie zmęczony, ale nie aż tak, jak bym był, gdybym targał ze sobą ciężką torbę ze sprzętem fotograficznym. W kieszeni miałem bowiem tylko zwykły kompaktowy aparat wielkości paczki papierosów. Nagle zobaczyłem nad straganem tradycyjne chińskie parasolki podświetlone czerwonym światłem zwykłych żarówek. Motyw był wyjątkowo piękny, malowniczy, wart uchwycenia. Nie miałem ze sobą statywu, a mimo to zrobiłem udane zdjęcie, ustawiając w aparacie tryb zdjęć nocnych. Kompaktowy aparat, jaki miałem ze sobą, zrobił sześć zdjęć, które skleił, tworząc jedną fotografię bez szumów i artefaktów, ostrą i klarowną. Nie widać na niej uchybień technicznych.

Muszę dodać z niekłamaną satysfakcją, że było tam ludzi bez liku, wszyscy obok parasolek przechodzili, ale nikt ich fotogeniczności nie zauważył. Dopiero gdy zacząłem robić zdjęcia, nagle wokół mnie zgromadziło się mnóstwo turystów, którzy także zaczęli je fotografować. Dowodzi to, że bardzo często przechodzimy obok obiektów, których nie zauważamy, mimo że są bardzo interesujące i fotogeniczne. Długi czas obcowania z aparatem fotograficznym powinien wyzwolić w nas wrażliwość, która sprawi, że nagle zaczniemy patrzeć na świat uważniej, dostrzegając kompozycję i detale, a gdy zobaczymy takie parasolki przy sklepie, wzbudzą w nas one od razu chęć fotografowania. Staram się takie motywy zauważać, jestem na nie wyczulony, ale nie stało się to od pierwszej zrobionej przeze mnie fotografii, lecz narastało, rozwijało się wraz z latami pracy z aparatem fotograficznym.

To zdjęcie nie powstałoby, gdybym nie miał ze sobą aparatu. Mówiłem o tym wielokrotnie i jest to chyba najważniejsza moja zasada: zawsze mieć aparat przy sobie, bo nigdy nie wiadomo, czy nie pojawi się coś do sfotografowania. Dlatego trzeba ze sobą nosić nawet najprostszy aparat fotograficzny, nie telefon – bo ten służy do rozmawiania. Idealny byłby taki sprzęt, którym da się zrobić zdjęcie w każdych warunkach dnia i nocy.

Sony HX20V | Sony G, 45–89 mm (25–500 mm), f/3,2–5,8 | ISO 1000 . 1/8 s . f/3,2

Ćwiczenie fotografii detalu jest świetnym zadaniem dla fotografa, bo powoduje, że możemy użyć języka fotografii do kreowania obrazów, a przede wszystkim do rozbudzania wyobraźni. Obserwując otaczającą nas rzeczywistość, możemy wybierać takie szczegóły, które dobrze czy interesująco wyglądają na zdjęciu. To zdjęcie niech posłuży nam za przykład. Zrobiłem je w Gdyni, wykorzystując okręt-muzeum „Błyskawica" i żółte barierki. Gdy spacerowałem po portowym nabrzeżu, nagle coś mnie tknęło – to mianowicie, że przy odpowiednim ustawieniu aparatu mogę zrobić zaskakujące zdjęcie. Niebieski kadłub „Błyskawicy", żółte barierki krzyżujące się ze sobą – od razu przyszło mi do głowy skojarzenie ze szwedzką flagą. Zastosowałem długoogniskowy obiektyw, który pozwala bardzo ładnie wyciąć fragment burty bez jakichś niepotrzebnych elementów. W kadrze zostawiłem tylko to, co potrzebne: trzy bulaje, zaślepiony otwór konstrukcyjny. Zestawiłem je z barierką na pierwszym planie. Wykadrowałem tak, by wszystkie elementy geometrycznie pasowały idealnie. Oczywiście wykonałem dwie próby: podczas pierwszej ostrość ustawiłem na barierki, pozwalając tłu się rozmyć, podczas drugiej, jak sądzę, lepszej, wyostrzyłem na nitowanym kadłubie okrętu, na pierwszym planie pozostawiając rozmyte barierki, by uzyskać formalną plamę kojarzącą się z flagą Szwecji. Skupiłem się wyłącznie na stronie formalnej, kompozycji barwnej i geometrycznej, bo tylko w tym wymiarze to zdjęcie ma sens. Powiedziałem, że na zdjęciu jest burta naszego okrętu po to tylko, byśmy mogli zlokalizować miejsce, w którym zrobiłem zdjęcie, w ten sposób każdy będzie mógł tam pojechać i spróbować zrobić to samo. Ale tak naprawdę, jaki okręt znalazł się w tle, to już nie ma żadnego znaczenia.

Konica Minolta Dynax 7D | Minolta SSM, 70–200 mm , f/2,8 | ogniskowa 180 mm . ISO 100 . 1/200 s . f/4,5

Oto kolejna fotografia formalna, elementarna. Przedstawia ona cienie na kostce brukowej. By je sfotografować, musiałem jechać aż do Genewy, bo u nas kostki brukowej jak na lekarstwo. Pozwalam sobie na żart, ale chcę przez to powiedzieć, że będąc w dziwnych czy wyjątkowych miejscach, nierzadko fotografujemy rzeczy banalne. Zwracam często uwagę na to, czego inni w ogóle nie zauważają. Na omawianej fotografii widzimy ducha. Zauważyłem najpierw cień wiszącej lampy czy szyldu, który padał na kostkę brukową ulicy, a dopiero potem dostrzegłem, że równie interesująco układają się cienie sylwetek ludzi. Była zima, więc słońce wisiało nisko nad horyzontem. Świeciło akurat w wąską uliczkę, ustawiło się równolegle do ulicy i pięknie ją opromieniało. Pomyślałem, że wyszłoby z tego zupełnie niezłe zdjęcie – cień zawieszonego szyldu w połączeniu z sylwetkami ludzi. Ludzie mnie nie interesowali; chciałem zrobić zdjęcie cieni, podświetlonej kostki brukowej i nóg. W tym czasie szczególnie fascynowało mnie fotografowanie starą optyką. W Genewie miałem akurat założony trzydziestoletni obiektyw Hexanon firmy Konica, kultowy, kupiony na aukcji internetowej za grosze. Aparaty bezlusterkowe umożliwiają fotografowanie obiektywem manualnym na roboczej przysłonie. Dzięki funkcji, która podświetla ostre krawędzie, fotografowanie takimi obiektywami i ostrzenie na ekranie staje się dziecinnie proste i przyjemne. Dla mnie ten plener to podróż w czasie, pomyślałem sobie, że będę fotografował tak, jak to robiłem dwadzieścia lat wcześniej aparatami manualnymi, bez autofokusa, wszystko ustawię ręcznie pierścieniami, zrezygnuję z robienia zdjęć z biodra, tylko przyłożę aparat do oka. I będę chodził i fotografował. W takim stylu i nastroju wypatrzyłem tę właśnie scenę. Ustawiłem ostrość na kostkę brukową, stosując bardzo małą wartość przysłony i minimalną głębię ostrości tak, żeby nogi, które wchodzą w kadr, stały się lekko rozmyte. Ostre pozostawiłem jedynie cienie. Skadrowałem i czekałem, aż ktoś wejdzie w kadr. Najpierw pojawili się jacyś ludzie, jakaś kobieta z długimi nogami, potem weszła jakaś para, później inna kobieta, pechowy narciarz o kulach. Robiłem zdjęcia, czekając na odpowiedni moment, w którym kompozycja stanie się interesująca, a cienie spektakularne. Nie spieszyło mi się, miałem dużo czasu. W końcu wybrałem z całej serii to zdjęcie, na którym znalazło się dwóch sympatycznych panów, przypuszczalnie szwajcarskich bankierów w porze lunchu maszerujących na obiad i pogawędkę. Nie muszę dodawać, że skoro przyjąłem styl fotografowania z lat siedemdziesiątych ubiegłego wieku, to zdjęcie powinno być czarno-białe, tak jak uprawiany wówczas reportaż. Nikt wtedy nie robił reportaży w kolorze, bo był on zarezerwowany przede wszystkim dla fotografii reklamowej. Fotografia uliczna, formalna była czarno-biała. Postanowiłem być jej wierny. Aparat ustawiłem na tryb czerni i bieli, zdjęcie zapisałem w formacie JPG. Przyznam się, że naprawdę wtedy wypoczywałem z aparatem w ręku, fotografowałem tak, jak to się robiło w czasach mojej młodości, i do dzisiaj – jeśli nie muszę inaczej – bardzo chętnie w tym duchu fotografuję.

Sony NEX-5n | Konica Hexanon, 50 mm, f/1,4 | ISO 100 . 1/4000 s . f/1,4

Carl Zeiss
Sonnar 2/35
Φ49
AF
DMF
MF

6 | NOCĄ I Z DŁUGIMI CZASAMI

Chcąc pokazać na zdjęciach upływ czasu, trzeba czasem użyć takiego elementu języka obrazu, który uatrakcyjni fotografie, nie psując ich. Niezbędny do tego jest statyw i umiejętność pracy z długimi czasami ekspozycji. Rozmycie wody, zatopione kamienie, rwąca rzeka czy padający deszcz to najczęściej spotykane motywy takich zdjęć. Długi czas ekspozycji przydatny jest też w fotografii nocnej. Jeszcze do niedawna była ona zarezerwowana dla wąsko wyspecjalizowanej grupy fotografów dysponujących wyrafinowanym sprzętem. Dziś każdy może jej spróbować – nie tylko szczęśliwi posiadacze statywów. Współczesne aparaty fotograficzne dają możliwość fotografowania w nocy także przy krótkich czasach otwarcia migawki na wyższych czułościach.

Na tym zdjęciu wykorzystałem prosty, zwykły temat. Brakuje tu tylko ryczącego jelenia łowiącego śledzie na wędkę. Sytuacja, którą zastałem, jest tyleż malownicza, ile niezwykła. Zrobiłem to zdjęcie nad polskim morzem w Niechorzu podczas wakacji. Fotografowałem zachód słońca, jak zwykle wypełniając wieczorne obowiązki wobec mojego hobby. Po zachodzie słońca trafiłem również na zachód księżyca, co sprawiło, że musiałem do zdjęć podejść zupełnie inaczej. Zachód księżyca tym się różnił od zachodu naszej gwiazdy dziennej, że towarzyszyła mu zupełnie inna ekspozycja. Było dużo ciemniej, to taki moment zmierzchu, kiedy przeważało niebieskie światło, na horyzoncie w oddali majaczyło trochę czerwonych odblasków promieni słońca, a sam księżyc stał się czerwonawym wycinkiem kuli. Wyglądało to niesamowicie, lecz mnie chodziło o to, by księżyc stał się głównym motywem zdjęcia, a on jest relatywnie małym obiektem do fotografowania i rzadko przypomina wielką kulę. By uczynić księżyc głównym obiektem na zdjęciu, musiałem się uciec do pewnego wybiegu technicznego, czyli użyć obiektywu długoogniskowego. Mam taki obiektyw o ogniskowej 500 mm, lustrzany, dzięki czemu pod względem wagi i wielkości można go porównać ze standardowym zoomem. Jego wadę stanowi to, że ze względu na swą konstrukcję jest bardzo ciemny, ma przysłonę f/8, a głębia ostrości za sprawą ogniskowej staje się bardzo mała, więc i ostrość trudno nim precyzyjnie ustawić. To zdjęcie zrobione jest najnowszym aparatem Sony, jakim do tej pory miałem możliwość fotografować, wykonanym w technologii SLT, czyli z półprzezroczystym lustrem i wizjerem elektronicznym. Akurat w tym wypadku wada obiektywu, tak często wytykana tego typu konstrukcjom, w niczym nie przeszkadzała, ponieważ wizjer elektroniczny rozjaśnia obraz do wartości standardowej. Wobec tego podczas normalnego fotografowania nie czujemy żadnego dyskomfortu, a w nocy w ogóle coś możemy widzieć przez wizjer aparatu. Zrobiło się już ciemno, potrzebowałem statywu, nie chciałem bowiem zwiększać czułości do zbyt dużych wartości. Zrobiłem co prawda serię zdjęć tego motywu w różnych wariantach czułości, także z ręki z ISO 25 000 przy czasie wystarczająco krótkim, by zdjęcie było ostre i wyszło całkiem dobrze. Chciałem jednak, by obraz wyszedł klarowny, kolorowy, olśniewający, pozbawiony szumów, zdecydowałem się więc na statyw. Pojawił się jeszcze jeden problem techniczny. Kto kiedykolwiek próbował fotografować ze statywu bardzo długim obiektywem z długimi czasami otwarcia migawki, wie, że poruszenie zdjęcia jest bardzo łatwe, wystarczy najmniejsze drganie by wyszło ono nieostre. Tym razem okazało się, że problem mam z głowy, a fotografowanie jest łatwiejsze, ponieważ nie mam lustra w aparacie. Sam ruch lustra przy wyzwoleniu migawki już powoduje poruszenie zdjęcia. Owszem, w droższych modelach jest możliwość wcześniejszego podniesienia lustra, zanim wyzwoli się migawkę. Jednak wtedy nie możemy kontrolować obrazu, bo nic na matówce nie widać. Mogłem zatem zrobić ostre zdjęcie w nocy ciemnym obiektywem na długim czasie otwarcia migawki i wykorzystać

Sony SLT A99 | Sony Reflex, 500 mm, f/8 | ISO 100 . 5 s . f/8

feerię barw, jaką roziskrzył się zachodzący księżyc. Migawkę wyzwalałem pilotem na podczerwień, jednocześnie dbając, by nikt nie przechodził w pobliżu mojego statywu. Sam przy tym na wszelki wypadek nie oddychałem, aby przypadkiem ruch powietrza nie miał wpływu na aparat. W takiej sytuacji warto poprosić, aby nikt nie oddychał, a najlepiej żeby wszyscy opuścili plażę, włącznie z mewami. A pisząc serio, fotografując na tak długich czasach obiektywem długoogniskowym, musimy być bardzo ostrożni i perfekcyjni. Oczywiście trzeba pamiętać o tym, że jesteśmy artystami i w pewien sposób kreujemy obraz. Kolory, które widać na zdjęciu, da się dowolnie zmieniać w zależności od tego, jaki ustawimy balans bieli. Mogą być bliskie błękitu albo cieplejsze, to zależy od fotografa. Ja, patrząc w wizjer, który pokazuje, jak rejestruje obraz matryca, zdałem się na automatykę. Aparat zmierzył balans bieli tak, jak to widać na zdjęciu. Zaakceptowałem to bez konieczności jakichkolwiek zmian. Ostatecznie zrobiłem zdjęcie, na którego pierwszym planie widzimy ostre słupki. Ich ostrość zmienia się wraz z odległością. Morze pozostawiłem rozmyte. Efekt jest właśnie taki, ponieważ dostaję do rąk coraz nowocześniejsze narzędzia. W takich trudnych warunkach zdjęciowych to, czym fotografujemy, jednak ma znaczenie.

Oto skrót perspektywy zrobiony tym samym obiektywem niemal w tym samym miejscu. Latarnia morska w Niechorzu i zachodzący księżyc stały się głównymi elementami zdjęcia. Można odnieść wrażenie, że księżyc jest wklejony, a obraz powstał jako fotomontaż. Nie, to tylko skrót perspektywy osiągnięty dzięki użyciu bardzo długiego obiektywu. Kiepskie warunki oświetleniowe i ciemny obiektyw nie są pożądane podczas fotografowania, kiedy na matówce niewiele widać, ale aparat z półprzezroczystym lustrem i wizjerem elektronicznym pozwala na takie ekstrawaganckie podejście do tematu. Po sukcesie, który odniosłem podczas fotografowania zachodzącego księżyca nad palami na niechorskiej plaży, postanowiłem przyjrzeć się temu tematowi wnikliwiej. Nastawiłem się już na robienie zdjęć księżycowi, przyszedłem nad morze dzień później i spotkało mnie ogromne zaskoczenie – księżyc nie zachodził nad morzem tylko nad latarnią morską, i to w zupełnie innym miejscu. Jeśli chodzi o astronomię, jestem wyjątkowym ignorantem, wydawało mi się, że księżyc, podobnie jak słońce, zachodzi w podobnym miejscu, a wahania pozycji są minimalne. Okazało się, że jednego dnia odbywa się to nad morzem, drugiego nad lądem. Ciekawe, gdzie byłem na wagarach, kiedy w szkole uczono tego na geografii. Lubię patrzeć na księżyc, to wdzięczny motyw fotograficzny, na dodatek uspokaja, ale dogłębniej przyjrzałem mu się dopiero podczas fotografowania w Niechorzu, wcześniej rzadko robiłem mu zdjęcie.

„Skoro nie zachodzi nad morzem, to przecież zachodzi obok latarni, bo ta stoi na lądzie. Czemu więc miałbym tego zdjęcia nie zrobić?" – Pomyślałem, kierując się logiką Kubusia Puchatka. Podczas *magic hour* podświetlona latarnia zaczyna błyszczeć kolorami. Księżyc świecił jeszcze bladym światłem, a niebo było tak jasne, że w tle nie ujrzałem czarnej dziury. Stąd właśnie wzięła się ta magia, kiedy kontrast jest taki, że wszystko udaje się jednocześnie zarejestrować. Trzeba było znaleźć kadr, dobrać obiektyw, ustawić aparat na statywie i zrobić zdjęcie. Z tym pierwszym jest zawsze największy problem. Biegałem wzdłuż nabrzeża i szukałem takiego miejsca, gdzie aparat, latarnia i księżyc znajdą się na jednej osi, czyli w polu widzenia księżyc będzie towarzyszył latarni. Ustawiłem aparat z teleobiektywem lustrzanym na statywie, wybrałem relatywnie długi czas naświetlania, ale dzięki wspomnianej wcześniej nowoczesnej technologii w aparatach cyfrowych uzyskałem ostre zdjęcie. Nie miałem problemu z kadrowaniem i widzeniem motywu zdjęcia. Aparat bez ruchomego lustra nie generował drgań. Tym razem moja asystentka skleroza zostawiła wyzwalacz na podczerwień w hotelu. Użyłem samowyzwalacza ustawionego na 10 s. W większości takich sytuacji wystarczy użyć wyzwalacza ustawionego na 2 s, ale kiedy ma się obiektyw o ogniskowej 500 mm, lepiej dać aparatowi 10 s, żeby ustały drgania statywu i jego głowicy. Aparat zapikał kilka razy, zrobił zdjęcie – i gotowe. Księżyc to co prawda nie odrzutowiec, nie odleci, ale warto pamiętać, że o tej porze warunki oświetleniowe szybko się zmieniają. Niebo staje się coraz ciemniejsze, z granatu przechodząc w czerń, a księżyc jaśnieje, jego barwa zmienia się zaś z żółtej na białą. W takiej sytuacji należy działać szybko i nie

Sony SLT A99 | Sony Reflex, 500 mm, f/8 | ISO 1600 . 1/10 s . f/8

ociągać się jak pewien mój kolega, z którym wspólnie fotografowałem. Gdy ja się spieszyłem, on miał czas. Ja zrobiłem zdjęcie, on wypalił dwa papierosi, a zdjęcia już zrobić nie zdążył. Bardzo był potem zdziwiony, że palenie szkodzi nie tylko zdrowiu, ale też ogranicza sprawność fotografowania. Moje zadowolenie z siebie ostudził żenujący problem mojej niewiedzy na temat ruchu księżyca. Cały czas zastanawiałem się, czy warto było wagarować. Znałbym odpowiedź na to prozaiczne pytanie, gdybym sobie przypomniał, co robiłem 25 lat temu na wagarach. Miałem o czym myśleć. Do hotelu wróciłem z kolegą mimo wszystko trochę podłamany. Obaj pogrążyliśmy się we wstydzie.

Jeżeli tylko można fotografować bez statywu, należy z niego zrezygnować, ponieważ zwykle stanowi on jedynie ograniczenie i zbędny balast. Naprawdę tak myślę. W wyniku wielu lat fotograficznych bojów mogę powiedzieć, że bilans zysków i strat z powodu niezabrania statywu jest dodatni. Zdarzają się jednak sytuacje, gdy statyw jest przydatny, więc jeśli mamy taką możliwość i czas, polecam korzystanie z niego. Robiąc to zdjęcie, wykorzystałem statyw. Na szczęście nie musiałem dźwigać go przez cały dzień, mieszkałem w hotelu nieopodal miejsca, w którym fotografowałem, więc dodatkowe obciążenie nie stanowiło dla mnie wtedy problemu. Świadomie wybrałem się na nocne zdjęcia, zabierając ze sobą statyw, dzięki czemu osiągnąłem pewien efekt, którego nie uzyskałbym, robiąc nocą zdjęcia z ręki. Chodzi mi przede wszystkim o wykorzystanie bardzo długiego czasu naświetlania, sięgającego kilkunastu sekund.

Co nam daje długi czas otwarcia migawki? Otóż sprawia, że gdy fotografujemy wszelkie odbicia w wodzie, ewentualnie w ogóle mamy wodę w kadrze, staje się ona bajkowo rozmyta, tworząc miękką fakturę ni to wody, ni to mgiełki, na której pięknie odbijają się światła. Największa zaleta fotografowania ze statywu polega na tym, że da się fotografować na niedużej czułości i z zastosowaniem długiego czasu otwarcia migawki, dzięki czemu można uniknąć zwiększenia zaszumienia. Musimy jednak pamiętać, że w fotografii cyfrowej im dłużej otwieramy migawkę i im dłużej naświetlamy matrycę, tym więcej pojawia się szumów, co wynika z właściwości fizycznych matrycy. Im dłużej matryca pracuje, tym mocniej się nagrzewa, co zwiększa intensywność zakłóceń widocznych na zdjęciu jako szum. Nie jest więc tak, że możemy naświetlać matrycę tak długo, jak chcemy, bo ma to wpływ na jakość wykonywanego zdjęcia. Jednak standardowo naświetlanie od kilkunastu do dwudziestu sekund wystarczy do otrzymania efektu rozmytej wody. Jest to też tak krótki czas, że ekspozycja na matrycę nie powoduje degradacji obrazu. Należy pamiętać o tym, że fotografując budynki nocą, musimy tak planować kadrowanie obiektu, aby zachować piony ścian i kąty proste, zwłaszcza gdy posługujemy się obiektywem szerokokątnym. Jeśli jednak wszystkie ściany na zdjęciu się nam walą, co jest bardzo częste, musimy zostawić sobie zapas kadru, żeby potem w postprodukcji ściany i kąty maksymalnie wyprostować. Ten problem nie występuje, jeśli używamy drogich, specjalistycznych obiektywów typu *tilt-shift*, ale da się również prostować perspektywę w programach graficznych. Warto jednak pamiętać, że podczas tego procesu duża część zdjęcia zostaje obcięta. W takich sytuacjach przydają się aparaty, które mają duży zapas rozdzielczości matrycy, to bowiem jeden z dowodów na to, że pikseli nigdy nie jest za wiele. Czasem prościej jest jednak ustawić się z aparatem tak, by potem już nic nie robić w postprodukcji. W chińskiej Wenecji, mieście Zhujiajiao, ustawiłem się na moście dokładnie na takiej wysokości, aby wszystkie kąty pozostały proste. Na zdjęciu wszystkie światła są naturalne, czyli takie jak od latarni bez dodatkowego doświetlania. Pierwszy plan oświetlony był zwykłymi żarówkami o temperaturze barwowej około 3000 K w lampach wiszących przy ścianach domów, a ponadto światłem

Sony NEX-7 | Sony E, 16 mm, f/2,8 | ISO 100 . 5 s . f/6,3

z okien i odbitym w wodzie. Drugi plan, czyli most w oddali, opromieniały białym światłem reflektory (o temperaturze barwowej około 5500 K). Dzienne białe światło słoneczne ma 5500 K, a światło sztuczne, pochodzące od żarówki ma 3200 K. Im mniej stopni Kelvina, tym bardziej żółte staje się światło. Światło białe ma 4000 K, świeca zaś około 1800 K. Jeśli balans bieli dostosujemy do światła sztucznego, to w tym momencie aparat widzi kolory naturalnie, ale tylko te, które są oświetlone właśnie takim światłem. Obiekty oświetlone światłem o wyższej temperaturze, na przykład 5500 K, tak jak wspomniany most, wyjdą niebieskie. Na zdjęciu wygląda to trochę inaczej, niż gdy patrzymy na scenę gołym okiem, ludzki mózg nie rejestruje bowiem tak radykalnej różnicy temperatury barwowej poszczególnych lamp jak matryca aparatu fotograficznego. Jeśli ktoś tego nie rozumie albo go to przerasta, niech użyje trybu automatycznego balansu bieli. Wystarczy zatem postawić aparat na statywie na odpowiedniej wysokości, chociażby na moście, ustawić najniższą czułość, automatyczny balans bieli i program P albo po prostu wybrać w aparacie program do robienia zdjęć nocnych ze statywem. Ja często tak robię, i to nie dlatego, że nie potrafię inaczej, ale tak jest prościej. Ale jaki fantastyczny uzyskuje się efekt końcowy!

Oto kolejny przykład zdjęcia wakacyjnego: kurort, morze, łódź rybacka na brzegu, zachodzące słońce – wszystkie atrybuty fotografii wakacyjnej w jednej całostce. Pamiętam, że wtedy fotografowali wszyscy obecni, byłem jednym z wielu z aparatami w dłoniach, nie wyróżniałem się niczym szczególnym z tłumu, miałem skromny aparat i starałem się zrobić zdjęcie, które mogłoby być moją wizytówką. Zawsze w takich momentach staję, patrzę, szukam i zastanawiam się. „Dobrze, ale jak zrobić zdjęcie inne niż wszyscy? Jak podejść do tematu, by zdjęcie nie było banalne?" – myślałem wtedy.

Znalazłem łódź i postanowiłem sfotografować ją z ciekawej perspektywy. Aparat położyłem nisko, dzięki temu łódź widziana z żabiej perspektywy wygląda na dużo większą, niż była w rzeczywistości. Fotografowałem pod światło, założyłem więc z góry, że będzie to zdjęcie w trybie HDR. Dzięki temu, mimo że ustawiłem się pod słońce, widać szczegóły na piasku, na burcie łodzi, wszystko to, co mieści się w głębokich cieniach. Taka była idea tego zdjęcia i takie zrobiłem, aż tu nagle, jak to na plaży w sezonie, obok łódki pojawił się młody człowiek. W pierwszej chwili bardzo mnie to zdenerwowało, nie chciałem jakichś przypadkowych osób w kadrze. Ale co miałem zrobić? W takich miejscach wśród masy ludzi trudno się fotografuje. W krajach o wyższej kulturze jeśli ktoś widzi, że druga osoba fotografuje, nie wchodzi w kadr, a jeżeli jednak nie zauważy fotografa, to, słysząc ze strony fotografa „Przepraszam na chwilę", zaczeka, uśmiechnie się lub zagada. U nas można gardło zedrzeć, a i tak fotograf może się spotkać najwyżej ze zniecierpliwieniem. Jednak obecność malca okazała się dobrodziejstwem – doznałem nagle olśnienia. To kolejny dowód na to, że fotografia cywilizuje człowieka. Złość minęła i pojawiło się natchnienie. Dziecko w kadrze obok łodzi z jednej strony oddaje skalę, a z drugiej – nadaje ludzki pierwiastek odhumanizowanemu kadrowi. Przez to, że zdjęcie jest rejestrowane w HDR, poruszające się dziecko jest lekko rozmazane i wygląda trochę jak ufoludek z filmu Spielberga. To oczywiście przypadek, ale szczęściu trzeba pomagać, trzeba być przygotowanym na każdą ewentualność, na dynamicznie zmieniającą się sytuację w kadrze. Nie można przyjąć postawy typu „Teraz nie zrobię zdjęcia, bo ktoś mi tu wlazł i przeszkadza". Trzeba się chwilę zastanowić i pomyśleć: „A może to nawet dobrze?", a potem robić zdjęcia. W rezultacie to zdjęcie składa się jakby z dwóch: pierwszego zgodnego z założeniem, rejestrowanego w trybie HDR, i drugiego wynikającego z przypadkowego wtargnięcia dziecka w kadr.

Sony SLT A99 | Carl Zeiss Vario-Sonnar® T* Sony, 16–35 mm, f/2,8 | ogniskowa 18 mm . ISO 100 . 1/3 s . f/5,0

Dostałem właśnie do testów nowy aparat, na który bardzo długo czekałem, i – podekscytowany jak dziecko – natychmiast postanowiłem wyjechać nad swoje rodzime morze i zobaczyć, jakie robi zdjęcia. Aparat był prezentowany od razu z nowym obiektywem, a cechą, którą zachwalał producent, było to, że jest bryzgoszczelny i odporny na niesprzyjające warunki atmosferyczne. Podziałało to od razu na moją wyobraźnię, a w mojej głowie „bryzgoszczelny" jawiło się jako „sztormoodporny", poszedłem więc nad morze. Pomyślałem, że skoro rzeczywiście aparat jest odporny na wodę, to spokojnie mogę go położyć na piasku, który zalewają fale, i będę mógł bezkarnie robić zdjęcia, bo nic mu się nie stanie. Wymyśliłem sobie zdjęcie z zupełnie płaskiej perspektywy, na którym fale będą się przelewały tuż przed samym obiektywem. Oczywiście z góry założyłem, że dam długi czas otwarcia migawki, by te fale były rozmyte, a wszystko inne pozostało ostre. Dopełnieniem tego pomysłu była myśl, by zdjęcie zrobić o zachodzie słońca, a ponieważ właśnie pojawiały się chmury, liczyłem na efekt dramatyzmu. Aparat jest wyposażony w filtry artystyczne, więc skorzystałem z okazji i użyłem jednego z nich. Wcześniej sprawdziłem, jakie są te filtry i jakie efekty można dzięki nim uzyskać. Zaintrygował mnie szczególnie jeden, który powodował, że zdjęcie nabiera niesłychanie ekspresyjnego charakteru – burzowego i groźnego jak z horroru. Wydawało mi się, że w tych warunkach będzie pasował idealnie. Tak też zrobiłem. Postawiłem aparat bardzo nisko na jakimś płaskim kamieniu i, korzystając z pilota na podczerwień, wyzwalałem zdalnie migawkę i robiłem serie zdjęć. Niestety mój geniusz został wystawiony na próbę. Nagle przyszła fala, jakby większa od pozostałych, i zalała aparat, ale na szczęście okazało się, że zapewnienia producenta o bryzgoszczelności nie były gołosłowne. Chociaż gdy pochwaliłem się, w jakich warunkach robiłem nim zdjęcia, przedstawiciele marki nie byli tym zachwyceni i wytłumaczyli mi, co według nich oznacza – skądinąd dziwaczne – określenie „bryzgoszczelny". Gwarancja takich podwodnych zdjęć nie obejmuje. Niemniej udało się. Ale chce podkreślić z całą powagą: co innego testy sprzętu, a co innego traktowanie swojego aparatu. Ogólnie nie polecam moczyć aparatów w morzu, nawet jeśli są uszczelnione.

Inspiracją do wykonania tego zdjęcia jest sprzęt, którym dysponuję, i jego możliwości. Zastanawiałem się, jak mogę wykorzystać takie właśnie możliwości, do jakiego typu zdjęć. Skoro aparat jest bryzgoszczelny, to mogę go używać w warunkach, które dla innych aparatów nie są zbyt sprzyjające. Filtr artystyczny dopasowałem do pogody, do charakteru sceny. Gdy wiedziałem już, co chcę uzyskać, musiałem jeszcze odpowiednio dobrać ustawienia, a w tym wypadku priorytetem był długi czas ekspozycji i wybranie plastycznego motywu. Zdecydowałem się na ustawienie szerokiego kąta, tak by powstała ładna perspektywa linearna utworzona z kamieni i wystających z wody pali, chmur i przedzierającego się przez nie światła. To pozornie zwyczajne zdjęcie nabrało ekspresji, a to dzięki oświetleniu i zastosowaniu filtra, który zwiększa kontrast i tworzy winietę, lecz i dlatego, że zarejestrowany został rozmyty ruch wody. Wystarczyłoby, żebym skrócił czas otwarcia migawki do 1/50 czy 1/30 s, a woda nie byłaby rozmyta – zdjęcie straciłoby ze swego uroku bardzo wiele. Zresztą gdybym ten sam motyw sfotografował, przykładając aparat do oka w pozycji stojącej, z daleka od wody, również takiego efektu bym nie uzyskał.

Sony SLT A77V | Sony DT SSM, 16–50 mm, f/2,8 | ogniskowa 16 mm . ISO 50 . 1/13 s . f/22

Oto zdjęcie bardzo podobne w swej idei do poprzedniego, lecz wykonane dokładnie rok później. Tym razem trafiłem nad Adriatyk. Wczesna jesień w Chorwacji to wyśmienity moment na zwiedzanie tego pięknego kraju. Tłumów turystów już nie ma, ale wciąż pozostaje piękna pogoda. Specjalnie dla mnie tego dnia padało, bo ktoś w niebie mi to załatwił. Wcale niezdziwiony, korzystając z tego, że mimo wszystko było bardzo ciepło, ruszyłem z aparatem. Owszem, zrobiłem parę zdjęć, ale, szczerze mówiąc, nie były zbyt widowiskowe. Dookoła panowała pustka i szarość, wymarłe kurorty bez słońca nie wyglądają bowiem zbyt atrakcyjnie, choć trzeba przyznać, że zbombardowany luksusowy hotel, pamiątka z czasów wojny, pasował do tej aury. Szukałem czegoś innego, mimo wszystko bardziej pozytywnego, szukałem koloru. Nad brzegiem morza zauważyłem kamienie – zwykłe, nieduże. Nadciągały ciężkie, ołowiane chmury zwiastujące niechybną ulewę, ale póki co trwała cisza przed burzą i było fantastyczne światło. Na to czekałem. Zaczarowany zacząłem działać jak w amoku. Wybrałem płaski kamień, ledwie wystający nad wodę, postawiłem na nim aparat, założyłem obiektyw o ogniskowej 16 mm. Uchylny ekran pozwolił mi na fotografowanie bez nurzania się w wodzie. Dzięki krótkiej ogniskowej obiektywu uzyskałem wydłużenie perspektywy linearnej, a kamienie zdały się większe. Miałem już formę, kolor, światło i kadr. Chciałem jeszcze postawić kropkę nad i. Postanowiłem rozmyć ruch wody, używając długiego czasu otwarcia migawki. Dzięki temu kamienie wyglądają jak zimne nóżki w galarecie. Aby ten efekt spotęgować, to znaczy sprawić, że galaretka stanie bardziej klarowna, zastosowałem filtr polaryzacyjny. Teraz można zajrzeć na dno. Wyzwalaczem na podczerwień wykonałem serię zdjęć w różnej kombinacji ruchu wody: raz z falą przybojową, innym razem z cofającą się, a to znów w czasie, kiedy woda była spokojna. Później wybrałem najciekawsze ujęcie. Smakowicie to wyszło. Następnego dnia wyszło piękne słońce, leżałem na plaży i nic nie robiłem... do piątej po południu. Ale to inna historia.

Sony SLT A99V | Carl Zeiss Vario-Sonnar® T* Sony, 16–35 mm, f/2,8 | ogniskowa 16 mm . ISO 50 . 3,2 s . f/18

Po piątej po południu zająłem się fotografowaniem wybrzeża – tym razem w Toskanii. Za każdym razem, kiedy tam jestem, czuję się zatroskany. Mam ogromne pretensje do Lecha, który wędrował z Czechem i Rusem, że nie poszedł na południe nad Morze Śródziemne. Rus przynajmniej wędrował po świecie najdłużej i najwytrwalej. Na szczęście integracja europejska wyrównała lenistwo Lecha. Toskania to wspaniałe miejsce zarówno do fotografowania, jak i do życia. Swoją emeryturę zamierzam spędzić właśnie tam.

Zdjęcie przedstawia wybrzeże o zachodzie słońca i stanowi przykład tego, jak wiele zależy od światła, warunków atmosferycznych i od dbałości, by tych najważniejszych, najpiękniejszych momentów nie przegapić. Podczas moich wypraw, jeśli tylko mogę, staram się nie opuszczać wschodów i zachodów słońca. Na zdjęciu uchwyciłem skały podświetlone czerwonopomarańczowym blaskiem słońca schowanego już za horyzontem, cienie jednak wysyciły się już błękitem. Przy okazji pojawił się typowy dla Morza Śródziemnego efekt świecenia spienionej wody. Użyłem statywu i długiego czasu otwarcia migawki. Cień układa się po przekątnej, skały wychodzą z jednego narożnika kadru, co dynamizuje zdjęcie. Wszystko razem tworzy wspaniałą, rajską scenerię. Osiągnąłem to dzięki specyficznemu sposobowi patrzenia. Tym razem, zamiast wykorzystywać perspektywę żabią, wdrapałem się na skały, by spojrzeć z lotu ptaka. Dzięki zastosowaniu obiektywu o bardzo szerokim kącie i ucieczce drugiego planu w głąb uzyskałem taką przestrzeń, jakbym patrzył z bardzo wysoka. Tymczasem wdrapałem się zaledwie na wysokość dwóch metrów nad ziemią. A i tak to cud, że zdążyłem to zrobić przed nocą. Dobry fotograf to taki, co dobrze się odżywia, zjadając sześć lekkich posiłków dziennie. Znacie takich?

Sony SLT A77V | Sony DT SSM, 16–50 mm, f/2,8 | ISO 50 . 4 s . f/13

Podróżując przez Australię samochodem, pokonywaliśmy kolejne kilometry. W tej krajoznawczej gonitwie nie było planu, a jedyny cel stanowiło dotarcie do Adelajdy na czas, by zdążyć na samolot. Po drodze chcieliśmy z Michałem jak najwięcej zwiedzić. Według niego najefektywniej byłoby nie wysiadać z samochodu, a jeśli już, to tylko w razie konieczności. Fotografowanie wyłącznie spowalniało naszą wyprawę. Ja uważałem, że podróżowanie ma sens, jeśli się fotografuje to, co widać. Ale im więcej fotografujemy, tym mniej rzeczy mamy okazję poznać w danym czasie. Idealnie byłoby fotografować z okna samochodu. Nie jest to wcale takie głupie, ale czasem okazuje się niemożliwe. W końcu wypracowaliśmy urojony kompromis. Ja starałem się jak najwięcej fotografować z samochodu, a on jak najczęściej zatrzymywać. Po długiej podróży pośród bezbarwnych krajobrazów skręciliśmy w stronę napotkanego parku narodowego, by sprawdzić, co tam jest ciekawego. Z parkingu nic nie widzieliśmy, więc Michał naciskał, by jechać dalej. Uparłem się jednak, że rzucę okiem, co jest za szlabanem. Zaczęło się... Dyplomatycznie wziąłem najmniejszy aparat i pobiegłem, mając dziesięć minut. Z tablicy informacyjnej dowiedziałem się o świętym miejscu Aborygenów w pobliżu wodospadu wśród starych drzew. Ruszyłem więc w drogę. Zostało mi osiem minut. Po półgodzinie przedzierania się przez krzaki, wspinania po skałach i marszu korytem rzeki doszedłem do tablicy informującej, że za kilka minut dotrę na miejsce. Po kolejnych dwudziestu minutach skakania po skałach już tam byłem.

Miejsce wyglądało naprawdę wyjątkowo: czerwone skały, głęboki kanion, wodospady, jeziorka. Pojawił się tylko jeden problem. Było pochmurno, światła brakowało, ale – co najgorsze – było ciemno, zresztą godzina też już była popołudniowa. A ja miałem aparat ze standardowym, ciemnym zoomem. Przeklinałem pod nosem, choć nie umiałem sobie wyobrazić, że mógłbym w ogóle zostać wypuszczony z auta z całym moim ekwipunkiem i statywem na dodatek. Zresztą szedłbym dwa razy dłużej i pewnie musiałbym tutaj nocować. Momentalnie przypomniał mi się Michał i wyobraziłem sobie przeszywający ból przejeżdżającego po mnie land rovera. Byłem pewien, że tym razem zginę. Podjąłem decyzję. Skoro i tak było ciemno, a wodospad najlepiej wychodzi na długich czasach otwarcia migawki, zdecydowałem się tak fotografować. Ustawiłem czułość na ISO 100, pozbawiony statywu położyłem aparat na kamieniach. Użyłem samowyzwalacza, by zrobić zdjęcie. Dzięki temu, że mój aparat nie ma ruchomego lustra, nie drga. Zdjęcia wychodzą ostre. Naświetlałem 2, czasem 4 s, by poruszająca się woda wyszła na zdjęciu rozmyta. Ale prezentowane zdjęcie zrobiłem z innej perspektywy i z takiego miejsca, że nie miałem na czym postawić aparatu. Musiałem wykonać je z ręki. Nastawiłem czas na 1 s i włączyłem tryb zdjęć seryjnych. Stanąłem mocno w rozkroku, oparłem się jak najstabilniej o skałę, aparat ze wszystkich sił przycisnąłem do oka, trzymałem go od spodu, a łokcie oparłem o klatkę piersiową. Wstrzymałem oddech i delikatnie nacisnąłem spust migawki. Aparat robił zdjęcie po zdjęciu. Po wykonaniu serii około dziesięciu zdjęć złapałem oddech. Sprawdziłem, czy choć jedno wyszło ostre. Na szczęście udało się. Ten sposób to najlepsze rozwiązanie, by wykonać ostre zdjęcie z ręki na długim czasie migawki. Byłem zadowolony ze zdjęć. Nagle uświadomiłem sobie, że zanim zostanę rozjechany, ktoś połamie na mnie saperkę. Ruszyłem więc w stronę samochodu. Zaczynało padać. Przybiegłem po ponad dwóch godzinach tak zasapany i mokry, że mój widok musiał wzbudzić litość u Michała. Darował mi życie, a ja w samoobronie nie musiałem tępić mojego kukri na karoserii jego samochodu. W ciszy, nie odzywając się do siebie, udaliśmy się szukać miejsca na nocny biwak.

Sony SLT A55V | Carl Zeiss DT ZA Vario-Sonnar® T* Sony, 16–80 mm, f/3,5–4,5 | ogniskowa 16 mm . ISO 100 . 1 s . f/13

Jesienne sztormy nad Bałtykiem to zjawisko bardzo ekspresyjne. Ilekroć jestem nad morzem w czasie sztormu, potęga żywiołu wywiera na mnie ogromne wrażenie. Staję wtedy na brzegu i wystawiam się na działanie wiatru, wody, huku fal, zapachu i zimna i dzięki temu uwalniam się od trosk tego świata. To naprawdę działa – polecam spróbować. Warto również w taką pogodę nie chować aparatu w ciepłym i suchym miejscu, tylko go użyć – być może do zrobienia ciekawego zdjęcia.

Jednak fotografowanie podczas wichury wymaga dużej wprawy. Silny wiatr nami miota, w rękach trudno utrzymać aparat. Bardzo często zdarza się, że zdjęcie wychodzi przez to poruszone. Sposobem na to jest oczywiście stosowanie krótkiego czasu ekspozycji i najlepiej, jeśli do tego wykorzystuje się obiektywy szerokokątne. Taka konfiguracja zestawu jest najbezpieczniejsza i pozwala zminimalizować ryzyko nieudanych zdjęć. Ja jednak tym razem postanowiłem utrudnić sobie zadanie. Chciałem zrobić zdjęcie długą ogniskową, by skrócić perspektywę, by stworzyć – mówiąc żargonem fotograficznym – gęsty kadr. Chciałem uzyskać złudzenie, że fale idą jedna za drugą, a każda następna jest większa od poprzedniej. Efekt nie do uzyskania obiektywem szerokokątnym. Oczywiście aparat z takim obiektywem trudniej utrzymać na wietrze i koniecznie należy użyć jak najkrótszego czasu ekspozycji. Ale ja chciałem osiągnąć zupełnie coś odwrotnego. Zamierzałem użyć długiego czasu otwarcia migawki, by rozmyć ruch fal. Liczyłem, że dzięki temu zdjęcie stanie się bardziej plastyczne. Miałem już jego obraz w głowie: pale biegnące po przekątnej, ślizgające się po nich fale, w tle ołowiane chmury. Musiałem tylko je zrobić. Na domiar złego nie miałem statywu.

Położyłem się na piachu. Aparat z teleobiektywem ulokowałem na torbie fotograficznej. Skadrowałem zdjęcie. Ustawiłem minimalną czułość i tryb priorytetu czasu. Na początek wybrałem 1/15 s, tryb zdjęć seryjnych i z całej siły przycisnąłem aparat do ziemi, jednocześnie zaglądając w wizjer. Poprawiłem kadr i wyzwoliłem migawkę na 2–3 sekundy. Aparat cały czas robił zdjęcia. Potem wydłużyłem czas i powtórzyłem całą operację. I jeszcze raz to samo. Skróciłem czas i wyzwoliłem migawkę. Zrobiłem mnóstwo zdjęć z nadzieją, że chociaż jedno wyjdzie ostre i nieporuszone. Oczywiście zanim nacisnąłem spust, wybrałem odpowiedni moment, kiedy w kadrze będzie się coś dziać, a fale nadpłyną, najlepiej między silnymi porywami wiatru. Na koniec czekałem, aż mewa przestanie się wiercić, łapiąc równowagę w walce z wichrem. Długo leżałem na tym mokrym piachu. Kilka razy fala podmyła moje stanowisko, ale byłem zdesperowany. Im było trudniej, tym bardziej chciałem mieć to zdjęcie. Zrobiłem wiele rożnych wariantów, by mieć pewność, że będzie co wybrać. Przejrzałem zdjęcia na ekranie aparatu i zauważyłem kilka ciekawych. To był sygnał, że należy jak najszybciej udać się na gorącą herbatę. Cały przemoczony maszerowałem plażą w stronę promenady. Na twarzach kuracjuszy widziałem zdziwienie i pytanie: „Co ten osioł wyprawia w grudniu na plaży?". Istotnie, ludzie, którzy nie fotografują, często postrzegają mnie jako dziwaka. I to jest intrygująco przyjemne.

Konica Minolta Dynax 7D | Minolta SSM, 70–200 mm, f/2,8 | ogniskowa 200 mm . ISO 100 . 1/6 s . f/9,5

Tym razem statyw był ze mną na wycieczce i bardzo się przydał. Pewne efekty na zdjęciach bez niego są nieosiągalne, na przykład rozmycie wody, kiedy czas otwarcia migawki jest bardzo długi. W pogodny czerwcowy wieczór wybrałem się na falochron, który chroni ujście Wisły w Mikoszewie. Konstrukcja jest sfatygowana, widać zerodowane płyty betonowe, które dają fantastyczną fakturę. Zbliżała się magiczna godzina, a na niebie majaczyły jakieś chmury, mieniąc się kolorami. To był bardzo dobry moment, by pójść z aparatem i fotografować: właśnie wtedy, gdy słońce już zachodzi za horyzont, światło powoduje mieszanie się kolorów. Chciałem tę uroczą atmosferę na zdjęciu okrasić rozmytą wodą, dzięki której odnosi się wrażenie, jakby falochron nie kierował się ku morzu, lecz raczej ku polu mgły. Wykorzystałem obiektyw szerokokątny, aby maksymalnie wydłużyć perspektywę. Na jednym zdjęciu mam kilka elementów języka obrazu, takich jak perspektywa, kolor wynikający z zastosowania odpowiedniego balansu bieli, rozmyty ruch, odpowiednie światło, kontrast, rozdzielczość detali. Nie ma tu półśrodków, nie mogę zastosować w takim zdjęciu obiektywu z przysłoną f/32, ponieważ gdy zamknę ją po to, by uzyskać długi czas, stracę ostrość. Muszę mieć przysłonę f/11. Aparaty cyfrowe ze względu na swoją konstrukcję najlepiej pracują do przysłony f/11, powyżej tej wartości kontrast przenoszony przez aparat i ostrość obrazu zaczynają sie zmniejszać, w związku z czym warto stosować filtry neutralne, szare. Taki filtr to nic innego jak przyciemniona szybka niewykazująca żadnych właściwości optycznych, a ma on za zadanie zmniejszyć ilość światła padającego na matrycę aparatu. Filtry mogą mieć stały stopień szarości lub pozwalać na płynne zmiany przyciemnienia. W zależności od sytuacji należy wybrać taki filtr, który pozwoli na wystarczającą ekspozycję. Osobiście preferuję filtry o stałej gradacji. W tym wypadku założyłem filtr szary ND8, który zmniejsza ekspozycję o trzy wartości przysłony lub trzy kroki EV (wartości ekspozycyjne czasu). W zasadzie powinienem użyć ciemniejszego filtra ND16, by mieć możliwość zmiany ekspozycji o cztery wartości przysłony, ale nie zabrałem go ze sobą. Mogłem dodać filtr polaryzacyjny, ale nie chciałem. Filtry polaryzacyjne, które też zabierają światło i są często używane zamiast filtra szarego, nie zawsze sprawdzają się w tej funkcji, ponieważ gaszą bliki i odblaski, które często dodają zdjęciom uroku. Na tym zdjęciu w kałużach wody odbija się światło, one błyszczą. Gdybym użył filtra polaryzacyjnego, nie uzyskałbym tego efektu. Woda byłaby matowa i beton nie miałby takiej faktury, takiej plastyki, nie odbijałby światła. Poza tym tak naprawdę filtr polaryzacyjny aż tak dużo światła nie zabiera, najwyżej jedną lub półtorej wartości przysłony, i to kosztem utraty odblasków i zgaszenia kontrastów. I na koniec ostatnia ważna rzecz – tego na zdjęciu nie widać – wiatr. Gdy wieje wiatr, łatwiej jest uzyskać efekt rozmytego morza, ale im bardziej wieje, tym trudniej utrzymać aparat na statywie. Z tym trzeba sobie poradzić, warto mieć jakieś przedmioty, które obciążają statyw. Mam często w torbie fotograficznej zwykłą siatkę na ziemniaki. ładuje do niej kamienie i podwieszam na haku pod statywem. Warto też ustalić kierunek wiatru i swoją sylwetką ochronić aparat przed porywami, by na aparat wiatr bezpośrednio nie wiał. Oczywiście trzeba zdjąć paski od aparatu, które niepotrzebnie fruwają, i zawsze w takiej sytuacji wykonać nie jedno czy dwa zdjęcia, ale całą serię.

Sony SLT A77V | Sony DT, 11–18 mm, f/4,5–5,6 | ogniskowa 11 mm . ISO 50 . 4 s . f/11

Te pale już pokazywałem – ale to zdjęcie wykonałem w zupełnie odmiennych okolicznościach. Tym razem chciałem zrobić fotografię zachodu słońca, ale w takiej formie, by ukazywała coś więcej niż ognistą kulę wpadającą do wody. Oczywiście najlepiej by było, aby zamiast pali na pierwszym planie znalazła się skąpo ubrana gwiazda o włosach jak łany zboża. Te włosy zroszone morską bryzą i szarpane z wdziękiem przez wiatr stworzyłyby fascynujący obraz mlecznej drogi namalowany milionem połyskujących w słońcu kropel. Niestety ja do dyspozycji miałem drewno wbite w dno, a ponadto fale, które, rozbijając się na palach, efektownie spieniały wodę. Wystarczyło tylko ustawić się pod słońce, by dostrzec, jak ciekawie bryzgi wody podświetlone są pomarańczowym światłem. Pomysł na zdjęcie był gotów. Założyłem teleobiektyw 400 mm, by uzyskać ciasny kadr i rozmyte tło. Spojrzałem w wizjer i zacząłem szukać miejsca, w którym fale najczęściej się rozbijają. Teraz, idąc wzdłuż brzegu, musiałem zmieścić w kadrze ten punkt ze słońcem w tle, aby świetlista kula zachodziła dokładnie nad rozpryskującą się wodą. Na szczęście znalazłem taki punkt i nie musiałem nawet wchodzić do wody, co bardzo często mi się zdarza, nawet zimą. To była dobra wiadomość dla mnie, bo już na początku założyłem fotografowanie ze statywu. Chciałem wprowadzić do zdjęcia element rozmycia fal, musiałem zatem wykonać zdjęcie na długim czasie otwarcia migawki. Miałem statyw, więc nie musiałem się kłaść na piasku, ale wiązał się z tym jeden problem. Tego dnia mocno wiało. Podmuchy wiatru wprowadzały aparat w drgania. Pierwszą moją czynnością było odpięcie od aparatu paska, który wiatr szarpał, jak mógł. Następnie swoim wcale niewątłym ciałem zasłoniłem aparat od wiatru. Dzięki uchylnemu ekranowi mogłem stać z boku i bez problemu kontrolować obraz na matrycy. Ustawienie ekspozycji powierzyłem automatowi, samodzielnie wybierając tylko czas ekspozycji. Jak długi? To musiałem ustalić eksperymentalnie. Nie mógł być za długi, żeby nie zgubić kształtu fali, ani też za krótki, bo efekt rozmycia stałby się zbyt mało wyrazisty. Musiał być w sam raz. Zrobiłem kilka zdjęć fal i wybrałem według mnie najlepszy czas otwarcia migawki. Nie muszę dodawać, że w takich sytuacjach należy działać szybko. Słońce, kiedy już jest tuż nad horyzontem, chowa się bardzo prędko. Teraz musiałem wszystkie te elementy złożyć w jedną całość i zrobić zdjęcie. Ustawiłem ostateczny kadr i czekałem, aż nadejdzie właściwa fala. Kiedy tylko pojawiała się w kadrze, naciskałem spust migawki, korzystając z pilota zamiast wężyka. To lepsze rozwiązanie, ponieważ kabel na wietrze też może poruszyć aparat. Przypominam, że podczas fotografowania z tak ekstremalnie długim obiektywem na długich czasach nawet kroki w okolicach statywu, jako że wywołują drgania piasku, potrafią poruszyć zdjęcie. O tym, jak to jest ważne, przekonał się mój kolega, którego przegoniłem, kiedy zaczął wokoło mnie przebierać nogami. Istotnie, w takich sytuacjach należy stać w miejscu i nie poruszać się. Musiałem więc zrobić kilka zdjęć, aby mieć pewność, że któreś się uda. Jak sądziłem, nawet więcej niż połowa to były zdjęcia poruszone. Przy okazji, mając wiele wariantów falowania, wybrałem najefektowniejsze rozmycie fali z całej serii. Zdjęcia robiłem już do samego końca, czyli do schowania się słońca za horyzontem, cały czas sprawdzając, czy praca automatyki aparatu w sposób właściwy koryguje zmieniającą się ekspozycję.

Sony SLT 99V | Sony G, 70–400 mm, f/4–5,6 | ogniskowa 400 mm . ISO 50 . 1/15 s . f/10

7 | PANORAMA

Zdjęcia panoramiczne są kolejnym rodzajem fotografii, który do tej pory zarezerwowany był tylko dla wąskiej grupy fotografów posiadających statyw i skomplikowany sprzęt. W czasach fotografii cyfrowej wykonanie panoramy stało się prostsze, mamy programy graficzne, które zdjęcia (kawałki naszej układanki) skleją w jeden pełny obraz. Nadal wiąże się to jednak z pewnymi ograniczeniami, potrzebny jest statyw z głowicą, jak również czas na ustawianie kolejnych kadrów panoramy, na postprodukcję, by te kawałki posklejać i uzyskać gotowe zdjęcie. W wypadku fotografii podróżniczej często po prostu nie da się tego zrobić. Producenci aparatów wyszli jednak użytkownikom naprzeciw, oferując sprzęt z funkcją fotografowania panoramicznego. W tryb panoramy wyposażone są liczne współczesne aparaty cyfrowe i wystarczy płynnie przesunąć rękę wzdłuż horyzontu, by zarejestrować panoramę. Aparat w tym czasie wykona kilkadziesiąt klatek, które precyzyjnie sklei w jedno ujęcie o kącie widzenia nawet 360 stopni. W bardzo prosty sposób możemy otrzymać fantastyczną panoramę, nie rezygnując z normalnego fotografowania. To znakomity wynalazek, który w wielu sytuacjach doskonale się sprawdza. Wiem z doświadczenia, że to potężne narzędzie inscenizacyjne dla fotografa i zupełnie nowa jakość fotografowania, nowy sposób postrzegania rzeczywistości dzięki operowaniu bardzo szerokim kadrem. Dodam, że tryb panoramy jest bardzo funkcjonalny, można bowiem z niego korzystać, używając dowolnego obiektywu. Oczywiście poprawne wykonanie zdjęcia wymaga pewnych zdolności manualnych i treningu, ale efekty są oszałamiające.

Teraz panoramę można zrobić gdziekolwiek – w podróży, w biegu – bez specjalnych przygotowań, z ręki, bez używania statywu.

W piękny letni dzień i, co najgorsze, w weekend przebywałem nad Zalewem Zegrzyńskim. Od samego rana próbowałem zrozumieć, co ja robię w Warszawie i dlaczego los jest dla mnie taki okrutny. Wychowałem się nad morzem, a pobyt w Warszawie rujnuje moje nerwy. Nie wyobrażam sobie przebywania latem tam, gdzie nie ma morza. Problem istotnie jest poważny, choć mnie i moich znajomych z czasem zaczął bawić, tym bardziej że na pytanie: „Dlaczego więc nie mieszkasz nad morzem?", odpowiadam niezmiennie: „Mieszkam". „To co robisz w Warszawie?" – słyszę wtedy. „Nie wiem".

Aby dalej nie myśleć o tym, wyjechaliśmy nad warszawskie morze – Zalew Zegrzyński. Po ponad dwóch godzinach i przejechaniu 25 kilometrów rozkoszowałem się widokiem butelek, puszek po piwie i pudełek po robakach. Wsłuchiwałem się w jazgot tłuszczy i ryk motorówek. Odurzałem się smrodem grillowanej kiełbasy. Na szczęście nie znalazłem dla siebie miejsca nad brzegiem, zajętego wcześniej przez sprytniejszą cześć społeczeństwa. Poszliśmy, więc do nowobogackiego dworku na lody. W środku drogo, więc pusto. Miło spędzaliśmy czas w ogródku pod parasolem. Po jakimś czasie Bóg wysłuchał mych modlitw i zesłał burzę. Nad wodą znów zrobiło się pusto. Nie marnując czasu, ruszyłem z aparatem zarejestrować poweekendowe zgliszcza. Chmury były piękne, lało okropnie. Ale co miałem fotografować? Do wyboru miałem zaśmiecony brzeg, pomost i chmury. Wybrałem dwa ostatnie tematy, tym bardziej że nie bardzo chciałem stać w czasie burzy pod drzewami. Ale pomost nie był ani piękny, ani fotogeniczny. W kadrze zajmował zbyt wiele miejsca, zwłaszcza kiedy celowałem obiektywem w dół. Musiałem tak robić, po pierwsze dlatego że woda zalewała mi obiektyw, a po drugie chciałem pokazać bombardowaną przez krople deszczu taflę jeziora. Co miałem robić? Skoro

Sony NEX-3 | Sony E, 16 mm, f/2,8 | ISO 200 . 1/250 s . f/6,3

kadr był za mały, by pomieścić pomost i bezmiar jeziora, trzeba było go poszerzyć. Umożliwił mi to tryb panoramy w moim aparacie. Wykonałem panoramę, tak by pomost znalazł się na pierwszym planie, centralnie, a pionowa oś symetrii przechodziła przez jego środek. Ekspozycję ustawiłem na jasne partie obrazu, żeby zdjęcie było ciemne. Następnie w postprodukcji zwiększyłem kontrast i przyciemniłem je jeszcze bardziej. W efekcie powstał ponury obraz o dużej głębi.

Jak widać, nawet nad Zalewem Zegrzyńskim można zrobić ciekawe zdjęcie krajobrazowe, choć jest to miejsce średnio fotogeniczne, i to nie z winy Matki Natury, tylko człowieka. Nie ma brzydkich miejsc, o ile człowiek tego nie popsuje. Gdybym naprawdę chciał pokazać wszystko, co widziałem nad tym zalewem, to nawet burza nie pomogłaby w ukryciu tego wstydu dla naszego rodzaju.

To zdjęcie wykonałem w Peru w okolicy płaskowyżu Nazca, gdzie rzeka wpada do oceanu. Na jednej fotografii widzimy góry, pustynię, rzekę i ocean – wszystko to mogłem zmieścić w kadrze dzięki panoramie. Musiałem się zmierzyć z tematem fotograficznie skomplikowanym, bo z jednej strony było to miejsce, które miałem ochotę sfotografować, z drugiej wiedziałem, że niezależnie od tego, jakiego obiektywu bym użył, nie dałbym rady oddać tego, co chciałbym zobaczyć. Im szerszy kąt ma obiektyw, tym więcej się widzi, ale pozostaje też dużo przestrzeni na górze i na dole kadru. Bardzo trudno jest objąć tradycyjną, prostokątną klatką o proporcjach 4 : 3, 3 : 2 czy nawet 16 : 9 właściwy kadr interesującej przestrzeni. Mógłbym zrobić panoramę, ale nie mam na to czasu ani odpowiedniego sprzętu. Ta panorama jest zrobiona obiektywem o bardzo szerokim kącie, a wiadomo, że podczas przesuwania aparatu wielkości kątowe bardzo się zmieniają. Mimo to aparat bardzo dobrze poskleјał poszczególne klatki – zupełnie nie widać łączeń. Proszę zobaczyć, jak fantastycznie wygląda ujście rzeki do oceanu, jakie uzyskałem kolory i przestrzeń.

Sony SLT A77 | Sony DT, 11–18 mm, f/4,5–5,6 | ogniskowa 11 mm . ISO 100 . 1/160 s . f/8

Jadąc przez pustynię na przedgórzu Andów w Argentynie, zauważyłem w oddali niesamowite, czerwone skały. Ruszyłem w ich kierunku, wcisnąłem hamulec, wyskoczyłem z samochodu i stanąłem jak wryty. Takiej formy skalnej i takich kolorów dotąd nie widziałem. Sprzyjała mi pora dnia, bo było tuż po wschodzie słońca, cienie były długie i głębokie, a na niebie unosiły się delikatne chmurki. To najlepszy czas do fotografowania. Wykonałem mnóstwo zdjęć różnych form skalnych, stanąłem na jednej z nich i, patrząc na następne, powiedziałem sam do siebie: „Zrobiłem tyle zdjęć, a nie pokazałem na żadnym zdjęciu, jaki to teren i jakie te skały są". Przyszło mi wtedy do głowy rozwiązanie oczywiste – zrobię zdjęcie w trybie panoramy. Zrobiłem je, ale nie byłem z niego zadowolony. Nie wiadomo, czy to są duże góry, czy małe ani jak daleko się ciągną; krotko mówiąc, brakowało mi skali odniesienia. Poprosiłem o pomoc kolegę, który wdrapał się na jeden z czerwonych grzbietów i swoją sylwetką wyznaczył skalę, w jakiej znajduje się człowiek wśród skał. Na jednym zdjęciu mamy klasyczne trzy plany, aparat bez problemu poradził sobie ze sklejeniem klatek. Warto pamiętać, że podczas wykonywania panoramy pojawia się wiele problemów, które automatyka aparatu musi rozwiązać. To zmiany ekspozycji na dużym dystansie, zmiana wielkości kątowej, zmiana perspektywy i ostrości, jak również kierunku oświetlenia i jego wartości. To wszystko elektronika musi uwzględnić, przeliczyć i zastosować, a mimo to stworzenie takiej panoramy zajmuje zaledwie jedną czy dwie sekundy, po których upływie widzimy na ekranie efekt końcowy i możemy wykonać kolejne ujęcie.

Sony SLT A55V | Carl Zeiss DT ZA Vario-Sonnar® T* Sony, 16–80 mm, f/3,5–4,5 | ogniskowa 16 mm . ISO 100 . 1/160 s . f/8

Wydma, która góruje nad miastem Lquique w Chile i schodzi do oceanu, jest niezwykle malownicza. Przeważnie też znajduje się na trasie Rajdu Dakar. Byłem w tym miejscu kilka razy. Jadąc i wspinając się w górę wydmy, patrząc w dół, w stronę miasta i oceanu, wciąż zastanawiałem się, jak też to można sfotografować. Proszę użyć wyobraźni i podzielić tę panoramę na kilka oddzielnych klatek o proporcjach zwykłego kadru fotograficznego, a potem zastanowić się, jak pokazać płaską, wydłużoną wydmę na zdjęciu o normalnych proporcjach. Nie jest to możliwe, tym bardziej jeśli mielibyśmy użyć klasycznego sprzętu do fotografowania panoramy. Trudno zatrzymać się na krętej i wąskiej górskiej drodze, z której jednej strony znajduje się skała, a z drugiej barierka, a pobocza nie ma. Jak w tych warunkach ustawić statyw i precyzyjnie wypoziomować głowicę, mierzyć światło i kadrować kolejne zdjęcia, nie narażając się na uzasadniony gniew chilijskich kierowców? Natomiast to zdjęcie wykonałem, gdy wychyliłem się z okna i zamaszystym ruchem zrobiłem panoramę, będąc bowiem po raz kolejny w tym miejscu, przygotowałem się do tego. Oczywiście spowodowałem zamieszanie na drodze, ale zanim dopadła mnie wściekła kakofonia klaksonów, było po wszystkim i ruszyliśmy w dalszą drogę. Tryb panoramy zachowuje się, jak widać, bardzo dobrze także podczas fotografowania pod światło, zdjęcie jest równo naświetlone i od strony technicznej także trudno mu coś zarzucić.

Sony SLT A55V | Carl Zeiss DT ZA Vario-Sonnar® T*Sony, 16–80 mm, f/3,5–4,5 | ogniskowa 24 mm . ISO 100 . 1/160 s . f/9

To zdjęcie również powstało podczas przeprawy przez Andy i stanowi przykład panoramy sklejonej z kadrów pionowych. Dzięki temu fotografia ukazuje bardzo rozległy teren: na półce skalnej wije się droga, a po niej jadą dwie rajdowe, czteroosiowe ciężarówki. Dzięki nim możemy stwierdzić, jakie jest odwzorowanie skali. Panorama została wykonana obiektywem szerokokątnym, na pierwszym planie znalazły się trochę przerysowane kamienie i skały, drugi plan tworzą góry i widoczna w oddali droga, a gdzieś na trzecim planie majaczy lodowiec. Wszystko to w jednym kadrze, uzyskane jednym ruchem dłoni.

Sony SLT A77V | Sony DT, 16–105 mm, f/3,5–5,6 | ogniskowa 16 mm . ISO 100 . 1/500 s . f/11

Oto kolejna panorama, również powstała z kadrów pionowych, dzięki którym uzyskałem zdjęcie krótsze, ale wyższe. Taka uniwersalność wykonywania panoramy jest niezwykle korzystna dla fotografa. Zrobiłem ją z dość dużej odległości od płaskowyżu, teleobiektywem, z ręki, bez statywu. Wymaga to, jak już mówiłem, pewnego treningu, trzeba bowiem prowadzić aparat równo, bez drgań, przechylania go w prawo lub lewo, ze stałą prędkością. Im dłuższą ogniskową ma obiektyw, tym wolniej należy prowadzić aparat. Po niewielkim treningu panorama będzie nam wychodziła coraz łatwiej, a efekty staną się zaiste widowiskowe.

Sony SLT A77V | DT, 16–105 mm, f/3,5–5,6 | ogniskowa 105 mm . ISO 100 . 1/320 s . f/11

Zdjęcie przedstawia wschód słońca w Nepalu na tle Himalajów. Trudno sobie wyobrazić, że dałoby się zmieścić taki kawał krajobrazu w kadrze o proporcjach 4 : 3. Panorama jest najlepszym rozwiązaniem. Warto zwrócić uwagę na to, że w książce zdjęcia są relatywnie niewielkie, tak by mieściły się na jednej lub dwóch stronach. W rzeczywistości to zdjęcie umożliwia wydruk o długości nawet kilku metrów, a jego jakość nadal będzie bardzo dobra.

Chciałem się tu skupić nie tylko na tym fantastycznym porannym zjawisku, jakim są mgły ścielące się na dole, świecące nad nimi słońce, a na trzecim planie ośnieżone szczyty Himalajów. Wszystko to wygląda baśniowo, jednak z fotograficznego punktu widzenia było niełatwe do zarejestrowania. Różnica w ekspozycji między prawą a lewą stroną kadru sięga kilku działek przysłony. Fotografowałem pod słońce, a udało mi się uniknąć blików czy innych artefaktów, choć nie od razu. Trzeba było metodą prób i błędów wybrać odpowiednią ekspozycję, ale po poznaniu aparatu i przy odpowiednim się z nim obchodzeniu zrobienie nawet tak trudnego zdjęcia, o takiej rozpiętości tonalnej, jest możliwe, a efekt – jak widać – udany.

Sony SLT A77V | Sony DT SSM, 16–50 mm, f/2,8 | ogniskowa 18 mm . ISO 100 . 1/160 s . f/9

Tę panoramę dzielnicy Pudong w Szanghaju charakteryzują trzy aspekty: pierwszy to fascynacja fotografa tym, co dostrzega. W dalekiej perspektywie rozciąga się widok części miasta, która w ciągu ostatnich dwudziestu lat powstała na bagnach, a teraz tworzy gęsty las najwyższych na świecie drapaczy chmur. Dla wielu ludzi, także w Chinach, to nic dziwnego, ale na nas, Polakach, którzy metro budujemy trzydzieści lat, robi to wrażenie. To wdzięczny temat do fotografowania, zdjęcia robią tam wszyscy turyści, robiłem i ja. Tymczasem dzielnica Pudong cały czas się rozwija. Widzimy tu do niedawna najwyższy budynek świata, który został zdetronizowany przez inny, powstały w Dubaju, a zapewne wkrótce kolejny zajmie pierwsze miejsce. Dzięki panoramie i układowi kadru możemy zobaczyć, jak wygląda wyspa wieżowców na tle pozostałej części miasta. Fotografowałem Pudong, używając zwykłych trybów pracy aparatu, jednak tylko na panoramicznym widok ma taką siłę oddziaływania.

Drugi aspekt to zagadnienia techniczne. Zdjęcie jest panoramiczne, a mimo to kąty są proste, budynki strzelają pionowo do góry, nic się nie krzywi, nie łamie.

Trzeci aspekt dostrzegamy dopiero, oglądając serię zdjęć. To samo miejsce sfotografowałem w różnych warunkach atmosferycznych i o innych porach dnia. Pierwsze zdjęcie powstało tuż przed zachodem słońca, gdy budynki świecą ciepłym światłem odbitym, a kolory nabierają złocistego odcienia.

Drugie zdjęcie dzielnicy Pudong w Szanghaju zrobiłem, gdy lało. W ciągu dnia, kiedy nad miastem przechodził front atmosferyczny, wieżowce schowały się w chmurach i stało się ponuro. Co prawda różnica

Sony NEX-3 | Sony E, 18–200 mm, f/3,5–5,6 | ogniskowa 26 mm . ISO 100 . 1/500 s . f/6,3

w czasie fotografowania była kilkudniowa, ale te zdjęcia dowodzą, że światło w fotografii jest najważniejsze, a na tym przykładzie bardzo łatwo to stwierdzić. Jeśli nie ma światła, nie ma fotografii – budynki nie świecą, elewacje nie błyszczą, wszystko okrywa się szarością.

Trzecie zdjęcie zrobiłem w ciągu dnia, gdy słońce znajdowało się w zenicie, a na niebie rozciągały się piękne obłoki. To ta sama panorama miasta, tylko w innym oświetleniu. Proszę zauważyć, jaka jest różnica pomiędzy oświetleniem w południe, o zachodzie słońca i wtedy, gdy światła słonecznego nie ma, niebo pokrywają ciężkie chmury i staje się szaro. Ignorantom wydaje się, że jak widzimy ładne zdjęcie, to jest to kwestia Photoshopa, że to komputer nadaje zdjęciu wyraz. Otóż nie, fotograf musi szukać światła i je znaleźć. Światło maluje przestrzeń i obraz, a na tych panoramach to właśnie widać.

Sony NEX-7 | Sony E, 18–200 mm, f/3,5–5,6 | ogniskowa 18 mm . ISO 100 . 1/160 s . f/6,3

Sony NEX-7 | Sony E, 18–200 mm, f/3,5–5,6 | ogniskowa 18 mm . ISO 100 . 1/500 s . f/6,3

Spójrzmy na panoramiczne zdjęcie kolejnej interesującej dzielnicy. To La Boca w Buenos Aires słynąca w całej Ameryce Południowej, a może i na świecie z tego, że jest bardzo kolorowa. To również dzielnica tanga. Niestety owiewa ją zła sława – turyści muszą tu bardzo uważać na swój dobytek, bo w wąskich uliczkach łatwo mogą go stracić bezpowrotnie. Wybrałem się tu, by fotografować, zabierając ze sobą jedynie mały poręczny aparat, żeby się nie rzucać w oczy i wyglądać jak turysta. Spacerując uliczkami La Boki, widziałem, że zbliżają się fantastycznie piękne chmury. Było popołudnie, słońce zaczęło zachodzić, nastał najlepszy czas na fotografowanie. Dzięki trybowi panoramy udało mi się uchwycić na zdjęciu sznur chmur, które rozpościerały się nad dzielnicą. Znalazłem sobie dogodne miejsce, by mieć w kadrze odbicie kolorowych budynków i chmur w wodzie. Bez trybu panoramy i bez możliwości pokazania bardzo szerokiego planu nie oddałbym atmosfery portowych doków, kolorowych budynków, chmur i wody. Nie wyobrażam sobie, bym w dzielnicy La Boca wyjął statyw, profesjonalny aparat fotograficzny i uprawiał sztukę, tak więc to kolejny dowód na to, że mały poręczny, niepozornie wyglądający, a jednocześnie bardzo zaawansowany aparat jest doskonałym narzędziem w rękach fotografa, który znajduje się w warunkach, gdzie fotografuje się trudno i mało bezpiecznie.

Sony NEX-5 | Sony E, 16 mm, f/2,8 | ISO 200 . 1/500 s . f/3,5

To zdjęcie biwaku na Rajdzie Dakar na pustyni Atakama, w tradycyjnym już miejscu na rajdowym szlaku. Wykonując zdjęcie w trybie panoramy, tak naprawdę aparat rejestruje kilkanaście klatek różniących się choćby ze względu na ruch ludzi czy pojazdów w kadrze. Mimo to na sklejonym zdjęciu nie dostrzegamy anomalii, chociaż widoczne są pewne skrzywienia perspektywy i geometrii. Zdjęcie zostało zrobione obiektywem o bardzo szerokim kącie widzenia (blisko 140 stopni), dlatego bardzo mocno zafałszowana jest perspektywa i pierwszy plan. Jest więc ono trochę zdeformowane, ale mimo to doskonale posklejane. Nawet jeśli takie zdjęcie wykonamy metodą tradycyjną (tym samym obiektywem), a skleimy je w panoramę w postprodukcji, krzywizny pozostaną. Inaczej po prostu się nie da.

Sony NEX-7 | Sony DT, 11–18 mm, f/4,5–5,6 | ISO 160 . 1/500 s . f/4,5

Sony NEX-6 | Sony E, 10–18 mm, f/4 OSS | ISO 100 . 1/125 s . f/11

Wróciłem niedawno z mojego dziesiątego już Rajdu Dakar, który co roku jest dla mnie niezwykle ważnym wydarzeniem fotograficznym i okazją do wykonania bardzo różnorodnych zdjęć. Choć motywy do fotografowania na rajdzie wydają się oczywiste, może nawet banalne, zawsze staram się znaleźć coś, czego inni nie dostrzegają, tak jak na zdjęciu powyżej. Kończąc moje opowiadanie o fotografowaniu, wyrażam nadzieję, że komukolwiek z Was nieco rozjaśniłem nie tylko kwestie techniczne, ale przede wszystkim przybliżyłem sztukę patrzenia i postrzegania. Chciałbym choć jednego Czytelnika nakłonić do sięgnięcia po aparat i spojrzenia przez wizjer zupełnie inaczej niż dotychczas.

Przed nami kolejne fotograficzne wyzwania, dzięki którym powstaną pewnie miliony różnorodnych zdjęć. Życzę Wam szerokiego spojrzenia na otaczający świat.